Lecture Notes in Mathematics

A collection of informal reports and seminars
Edited by A. Dold, Heidelberg and B. Eckmann, Zürich

Series: Mathematisches Institut der Universität Bonn
Adviser: F. Hirzebruch

113

Rudolf Wille
Mathematisches Institut der Universität Bonn

Kongruenzklassengeometrien

Springer-Verlag
Berlin · Heidelberg · New York 1970

Inhalt

0. Einleitung

Besonderes Interesse unter den Hüllensystemen, die mit einer allgemeinen Algebra in Beziehung stehen, haben bisher das System der Unteralgebren und das System der Kongruenzrelationen gefunden. Diese Hüllensysteme sind ausführlich untersucht und charakterisiert worden. Es mag verwundern, dass daneben über das System der Kongruenzklassen - das sind die Restklassen von Kongruenzrelationen - noch überhaupt keine allgemeinen Untersuchungen vorliegen. Das ist deshalb erstaunlich, weil der Begriff der Rest- bzw. Kongruenzklasse aus der klassischen Algebra gar nicht wegzudenken ist. Es sei nur daran erinnert, dass man z.B. die Menge aller Lösungen eines inhomogenen linearen Gleichungssystems durch eine Kongruenzklasse eines Vektorraumes darstellt oder dass man die Blöcke einer Permutationsgruppe als Kongruenzklassen derjenigen Algebra betrachten kann, die die Ziffern als Elemente und die Permutationen als (1-stellige) Operationen hat (s. WIELANDT [32]).

Die vorliegende Arbeit möchte die längst fällige Untersuchung der Systeme aller Kongruenzklassen allgemeiner Algebren nachliefern und mit einigen Anwendungen ihre Tragweite sichtbar machen. Das schon erwähnte Beispiel eines Vektorraumes, dessen Kongruenzklassen bekanntlich als die nicht leeren Teilräume einer affinen Geometrie aufgefasst werden, weist darauf hin, dass für die Untersuchungen eine geometrische Betrachtungsweise angemessen ist. In der Tat, zieht man die allgemeine Definition einer Geometrie aus MAEDA [21] bzw. JÓNSSON [15] heran, so lässt sich zeigen, dass auch die Kongruenzklassen einer beliebigen Algebra die nicht leeren Teilräume einer geeigneten Geometrie sind (Satz 3.1); diese Geometrie wird Kongruenzklassengeometrie genannt. Mit diesem Ansatz werden für die Untersuchungen zwei Richtungen aufgezeigt, die man versucht ist, durch Begriffe wie "Allgemeine Geometrische Algebra" und "Allgemeine Analytische Geometrie" zu umreissen.

Ein kurzer Überblick über den Inhalt der einzelnen Abschnitte soll einen ersten Eindruck von den Methoden und Ergebnissen dieser Arbeit vermitteln. Im ersten Abschnitt werden die algebraischen Grundbegriffe und Hilfsmittel bereitgestellt, wobei besonders auf den Zusammenhang zwischen Kongruenzrelationen und algebraischen Funktionen eingegangen wird. Wesentlich ist die Charakterisierung der kleinsten Kongruenzklasse, die eine gegebene Menge von Elementen enthält (Satz 1.6). Im zweiten Abschnitt werden die geometrischen Grundbegriffe in Anlehnung an JÓNSSON [15] hüllentheoretisch eingeführt. Neben dem Teilraumbegriff steht dabei der Begriff eines schwachen Parallelismus im Vordergrund. Mit diesen Grundbegriffen werden (was modelltheoretisch gesehen werden kann) zwei Typen von geometrischen Aussagen beschrieben, die als Rahmenaussagen und Schliessungsaussagen bezeichnet werden. Wesentlichste Eigenschaft einer Rahmen- bzw. Schliessungsaussage ist, dass ihre Gültigkeit durch einen Geomorphismus bzw. starken Geomorphismus von einer Geometrie auf eine andere übertragen wird (Geomorphismen sind die "natürlichen" Morphismen zwischen Geometrien). Wichtig für spätere Anwendungen ist eine Charakterisierung der affinen Geometrien durch Schliessungsaussagen (Satz 2.6). Der dritte Abschnitt bringt den Hauptsatz der "affinen Koordinatisierung" (Satz 3.5), mit dem die Kongruenzklassengeometrien allgemeiner Algebren charakterisiert werden. Eine erste Anwendung des Hauptsatzes ergibt, dass eine nicht triviale projektive Geometrie niemals Kongruenzklassengeometrie einer Algebra sein kann (Satz 3.7). Im vierten Abschnitt wird gezeigt, dass schon die einfache Schliessungsaussage "Zwei Punkte liegen in genau einer Geraden" weitreichende Konsequenzen für eine Kongruenzklassengeometrie und die zugehörige Algebra hat. Eine solche Kongruenzklassengeometrie ist dicht daran, als Geometrie der Blöcke einer Permutationsgruppe dargestellt werden zu können (Satz 4.7, Satz 4.11). Im fünften Abschnitt werden die (pseudo-) affinen Geometrien charakterisiert, die Kongruenzklassengeometrien von Algebren sind (Satz 5.8, Satz 5.9);

dabei wird deutlich, dass die "Koordinatisierung" durch Kongruenzklassen in eine völlig andere Richtung läuft als die "Koordinatisierung" durch inhomogene lineare Gleichungen, die HALL [12] für beliebige affine Ebenen eingeführt hat. Für endliche Kongruenzklassengeometrien lässt sich sogar zeigen, dass die Gültigkeit des Parallelenaxioms schon die Gültigkeit des Satzes von Desargues zur Folge hat (Satz 7.12). Der Beweis dieses Ergebnisses wird mit "Sätzen vom Mal'cev Typ" geführt, die den Inhalt des sechsten und siebten Abschnittes ausmachen. Unter einem "Satz vom Mal'cev Typ" soll ein Satz verstanden werden, der die Gültigkeit einer gegebenen Eigenschaft für alle Algebren einer primitiven Klasse durch eine Aussage über die Gültigkeit gewisser Gleichungen in der primitiven Klasse charakterisiert. Im sechsten Abschnitt wird ein Satzschema (Satz 6.1, Zusatz 6.2) angegeben, mit dem man für jede Rahmenaussage einen "Satz vom Mal'cev Typ" bekommt. Da sich in einer Algebra jede (Un-)Gleichung von Kongruenzrelationen in der Kongruenzklassengeometrie an speziellen Rahmenaussagen ablesen lässt (Hilfssatz 6.14), erhält man sogar für jede Kongruenzrelationen(un-)gleichung einen "Satz vom Mal'cev Typ". Wie man auch für Schliessungsaussagen "Sätze vom Mal'cev Typ" herleitet, behandelt der siebte Abschnitt (Satz 7.1, Zusatz 7.2). Von den verschiedenartigen Anwendungen soll zum Schluss nur eine Verallgemeinerung eines klassischen Satzes der Geometrischen Algebra angegeben werden: Ein Ring mit Einselement ist genau dann kommutativ, wenn die Kongruenzklassengeometrie jedes seiner unitalen Linksmoduln dem Satz von Pappos genügt (Satz 7.17).

Die Ergebnisse der voliegenden Arbeit sind in einem Zeitraum von drei Jahren entstanden. Während des ersten Jahres wurde der Autor vom National Research Council of Canada, während der folgenden beiden Jahre von der Deutschen Forschungsgemeinschaft unterstützt, wofür an dieser Stelle mit Nachdruck gedankt werden soll. Herzlicher Dank soll auch all denen gelten, die mit Anregungen und Diskussionen die vorliegende Arbeit gefördert haben. Über die Ergebnisse dieser Arbeit hat der Autor an verschiedenen Orten in Vorträgen berichtet, wovon besonders die Vortragsreihen an der Universität Frankfurt, an der McMaster University in Hamilton/Ontario, an der Universität Bonn sowie am Mathematischen Forschungsinstitut Oberwolfach zu erwähnen sind.

Bonn, 5. Mai 1969

Rudolf Wille

1. Algebraische Grundbegriffe

Im ersten Abschnitt sollen die Grundbegriffe und Hilfsmittel der Allgemeinen Algebra zusammengestellt werden, die in dieser Arbeit benutzt werden; dabei wird grösstenteils auf Beweise verzichtet, die schon in Monographien der Allgemeinen Algebra zu finden sind (s. COHN [6], GRÄTZER [9] oder SCHMIDT [29]). Näher ausgeführt werden die Zusammenhänge zwischen Kongruenzrelationen und algebraischen Funktionen, die MAL'CEV in [22] beschrieben hat.

Ist A eine Menge und n eine natürliche Zahl, so bezeichnet man eine Abbildung von A^n in A als eine <u>n-stellige Operation in</u> A. Eine <u>Algebra $\mathbf{A}$ vom Typus $(n_i)_{i\varepsilon I}$</u>, wobei I irgendeine Menge ist und die n_i natürliche Zahlen sind, ist eine Menge A zusammen mit einer Menge von n_i-stelligen <u>(fundamentalen) Operationen</u> $\bar{f}_i$ $(i \varepsilon I)$ in A. Der Einfachheit halber soll in dieser Arbeit bei jeder Algebra vom Typus $(n_i)_{i\varepsilon I}$ die i-te fundamentale Operation mit $\bar{f}_i$ bezeichnet werden. Gilt für eine Teilmenge B von A $\bar{f}_i(B^{n_i}) \subseteq B$ für alle $i \varepsilon I$, so heisst B mit den auf B eingeschränkten Operationen $\bar{f}_i$ <u>Unteralgebra</u> von $\mathbf{A}$. Da der Durchschnitt von Unteralgebren stets wieder eine Unteralgebra ist, gibt es zu jeder Teilmenge M von A eine kleinste, M umfassende Unteralgebra von $\mathbf{A}$; sie wird die <u>von M erzeugte Unteralgebra</u> genannt und mit $\langle M \rangle$ bezeichnet.

Eine <u>Kongruenzrelation</u> Θ einer Algebra $\mathbf{A}$ vom Typus $(n_i)_{i\varepsilon I}$ ist eine Äquivalenzrelation von A, die mit den fundamentalen Operationen von $\mathbf{A}$ <u>verträglich</u> ist, d.h. für die aus $i \varepsilon I$ und $(a_1,a_1'),\ldots,(a_{n_i},a_{n_i}') \varepsilon \Theta$ stets $(\bar{f}_i(a_1,\ldots,a_{n_i}), \bar{f}_i(a_1',\ldots,a_{n_i}')) \varepsilon \Theta$ folgt. Da der Durchschnitt von Kongruenzrelationen stets wieder eine Kongruenzrelation ist, bilden die Kongruenzrelationen von $\mathbf{A}$ einen vollständigen Verband, der mit $\mathfrak{C}(\mathbf{A})$ bezeichnet wird. Ist die Mächtigkeit von $\mathfrak{C}(\mathbf{A})$ höchstens 2, so heisst $\mathbf{A}$ <u>einfach</u>. Für Algebren A und B vom Typus $(n_i)_{i\varepsilon I}$ bezeichnet man eine Abbildung φ von A in B als Homomorphismus, wenn für alle $i \varepsilon I$ und $a_1,\ldots,a_{n_i} \varepsilon A$ stets $\varphi \bar{f}_i(a_1,\ldots,a_{n_i}) = \bar{f}_i(\varphi a_1,\ldots,\varphi a_{n_i})$ gilt. Ist φ dazu noch surjektiv, so nennt man φ einen Epimorphismus. Ein Isomorphismus ist ein eineindeutiger Epimorphismus. Zwischen Kongruenzrelationen und Homomorphismen bestehen folgende Zusammenhänge: Jeder Homomorphismus $\varphi: \mathsf{A} \longrightarrow \mathsf{B}$ induziert in A eine Kongruenzrelation $\Theta_\varphi := \{(a,a') \varepsilon A{\times}A \mid \varphi a = \varphi a'\}$; ist Θ eine Kongruenzrelation der Algebra A , so kann man die Faktormenge A/Θ durch repräsentantenweises Übertragen der fundamentalen Operationen von A zu einer Algebra, der Faktoralgebra A/Θ , machen, womit die kanonische Projektion π_Θ von A auf A/Θ zu einem Homomorphismus wird.

Unter dem direkten Produkt von Algebren A_t vom Typus $(n_i)_{i\varepsilon I}$ versteht man das cartesische Produkt der Mengen A_t zusammen mit den komponentenweise definierten, fundamentalen Operationen $\bar{f}_i$ $(i \varepsilon I)$. Eine Klasse $\mathfrak{A}$ von Algebren vom gleichen Typus heisst primitiv, wenn jedes direkte Produkt, jede Unteralgebra und jedes epimorphe Bild von Algebren aus $\mathfrak{A}$ wieder in $\mathfrak{A}$ liegt. In einer primitiven Klasse $\mathfrak{A}$ existiert zu jeder Menge M eine (relativ) freie Algebra $F(M,\mathfrak{A})$; diese ist durch folgende universelle Eigenschaft charakterisiert: Zu jeder Algebra $\mathsf{A} \varepsilon \mathfrak{A}$ und jeder Abbildung $\varphi: M \longrightarrow A$ gibt es genau einen Homomorphismus $\hat{\varphi}: F(M,\mathfrak{A}) \longrightarrow \mathsf{A}$ mit $\hat{\varphi} m = \varphi m$ für alle $m \varepsilon M$. $F(M,\mathfrak{A})$ wird von M erzeugt und ist bis auf Isomorphie eindeutig durch M und $\mathfrak{A}$ bestimmt. In dieser Arbeit werden nur freie Algebren zu endlichen Mengen $\{e_1,\ldots,e_n\}$ bzw. zu der abzählbaren Menge $\{e_1,e_2,e_3,\ldots\}$ betrachtet, für die statt $F(\{e_1,\ldots,e_n\},\mathfrak{A})$ kürzer $F(n,\mathfrak{A})$ bzw. statt $F(\{e_1,e_2,e_3,\ldots\},\mathfrak{A})$ kürzer $F(\omega,\mathfrak{A})$ geschrieben werden soll.

Ist A eine Algebra aus der primitiven Klasse $\mathfrak{A}$, dann kann man mit jedem Element $p \varepsilon F(n,\mathfrak{A})$ durch

$$\bar{p}(a_1,\ldots,a_n) := \varphi p \quad (a_1,\ldots,a_n \varepsilon A) ,$$

wobei φ der eindeutig existierende Homorphismus $\varphi : F(n,\mathfrak{A}) \longrightarrow A$ mit $\varphi e_i = a_i$ $(1 \leq i \leq n)$ ist, eine n-stellige Operation $\bar{p}$ in A erklären. Die mit $p \varepsilon F(n,\mathfrak{A})$ definierte n-stellige Operation soll der Einfachheit halber in jeder Algebra aus $\mathfrak{A}$ mit $\bar{p}$ bezeichnet werden. $\bar{p}$ wird <u>algebraische Operation</u> von $\mathfrak{A}$ genannt. Substituiert man an k Stellen von $\bar{p}$ fest gewählte Elemente aus $A \varepsilon \mathfrak{A}$ und lässt nur die übrigbleibenden Stellen variabel, dann erhält man eine (n-k)-stellige Operation in A , die <u>algebraische Funktion</u> von A genannt wird. Dass die algebraische Funktion aus einer algebraischen Operation von $\mathfrak{A}$ gewonnen ist, braucht nicht festgehalten zu werden, da man die algebraische Funktion für jede primitive Klasse $\mathfrak{B}$ mit $A \varepsilon \mathfrak{B}$ aus einer geeigneten algebraischen Operation von $\mathfrak{B}$ bekommen kann. Eine Operation in einer Algebra A heisst <u>zulässig</u>, wenn mit ihr jede Kongruenzrelation von A verträglich ist.

<u>Hilfssatz 1.1:</u> Jede algebraische Funktion einer Algebra A ist eine zulässige Operation von A .

Beweis: Hat man für eine primitive Klasse $\mathfrak{A}$ mit $A \varepsilon \mathfrak{A}$, dass in A jede algebraische Operation von $\mathfrak{A}$ zulässig ist, dann ist natürlich auch jede algebraische Funktion von A zulässig. Sei $p \varepsilon F(n,\mathfrak{A})$, $\Theta \varepsilon \mathfrak{C}(A)$ und $(a_i,a_i') \varepsilon \Theta$ für $1 \leq i \leq n$. Es existieren eindeutig Homomorphismen $\varphi,\varphi' : F(n,\mathfrak{A}) \longrightarrow A$ mit $\varphi e_i = a_i$ und $\varphi' e_i = a_i$ $(1 \leq i \leq n)$. Aus $\pi_\Theta \varphi e_i = \pi_\Theta a_i = \pi_\Theta a_i' = \pi_\Theta \varphi' e_i$ $(1 \leq i \leq n)$ folgt $\pi_\Theta \varphi = \pi_\Theta \varphi'$, also insbesondere $\pi_\Theta \varphi p = \pi_\Theta \varphi' p$. Somit gilt $(\varphi p, \varphi' p) \varepsilon \Theta$, d.h. $(\bar{p}(a_1,\ldots,a_n),\bar{p}(a_1',\ldots,a_n')) \varepsilon \Theta$. Folglich ist die algebraische Operation $\bar{p}$ zulässig in A .

Satz 1.2: Eine Äquivalenzrelation einer Algebra $\mathbf{A}$ ist genau dann eine Kongruenzrelation, wenn sie mit allen 1-stelligen, algebraischen Funktionen von $\mathbf{A}$ verträglich ist.

Beweis: Nach Hilfssatz 1.1 ist jede Kongruenzrelation von $\mathbf{A}$ eine Äquivalenzrelation, die mit allen 1-stelligen, algebraischen Funktionen von $\mathbf{A}$ verträglich ist. Sei umgekehrt Φ irgendeine Äquivalenzrelation mit dieser Eigenschaft; sei ferner $\bar{f}$ eine n-stellige, fundamentale Operation von $\mathbf{A}$ und $(a_i,a_i') \varepsilon \Phi$ für $1 \leq i \leq n$. Dann ist $(\bar{f}(a_1',\dots,a_{i-1}',a_i,\dots,a_n),\bar{f}(a_1',\dots,a_i',a_{i+1},\dots,a_n)) \varepsilon \Phi$ für $1 \leq i \leq n$ (beachte, dass eine fundamentale Operation von $\mathbf{A}$ durch eine algebraische Operation einer primitiven Klasse $\mathfrak{U}$ mit $\mathbf{A} \varepsilon \mathfrak{U}$ dargestellt werden kann). Da Φ als Äquivalenzrelation transitiv ist, folgt $(\bar{f}(a_1,\dots,a_n),\bar{f}(a_1',\dots,a_n')) \varepsilon \Phi$. Φ ist somit eine Kongruenzrelation von $\mathbf{A}$.

Sind $\bar{g}_1,\dots,\bar{g}_n$ algebraische Funktionen einer Algebra $\mathbf{A}$ und ist $\bar{h}$ eine n-stellige, algebraische Funktion von $\mathbf{A}$, dann ist auch die Komposition $\bar{h}(\bar{g}_1,\dots,\bar{g}_n)$ eine algebraische Funktion von $\mathbf{A}$. Dieses folgert man leicht daraus, dass für algebraische Operationen $\bar{p}_1,\dots,\bar{p}_n$ einer primitiven Klasse $\mathfrak{U}$ und für eine n-stellige, algebraische Operation $\bar{q}$ von $\mathfrak{U}$ die Komposition $\bar{q}(\bar{p}_1,\dots,\bar{p}_n)$ wieder eine algebraische Operation von $\mathfrak{U}$ ist. Eine <u>($\mathfrak{U}$-)Gleichung</u> $\bar{p}(x_1,\dots,x_n) = \bar{q}(x_1,\dots,x_n)$ mit $p,q \varepsilon F(n,\mathfrak{U})$ heisst <u>gültig</u> in einer Algebra aus $\mathfrak{U}$, wenn $\bar{p}(a_1,\dots,a_n) = \bar{q}(a_1,\dots,a_n)$ für alle $a_1,\dots,a_n \varepsilon A$ richtig ist (d.h. wenn $\varphi p = \varphi q$ für jeden Homomorphismus $\varphi\colon F(n,\mathfrak{U}) \longrightarrow \mathbf{A}$ ist). Man sagt, dass eine $\mathfrak{U}$-Gleichung in einer Unterklasse $\mathfrak{B}$ von $\mathfrak{U}$ <u>gilt</u>, wenn sie in allen Algebren aus $\mathfrak{B}$ gültig ist.

Für Teilmengen $M_1,\dots,M_n$ einer Algebra $\mathbf{A}$ bezeichne $\Theta(M_1;\dots;M_n)$ die kleinste unter den Kongruenzrelationen Θ von

$\mathbf{A}$, für die für alle $i = 1,\ldots,n$ und alle $m,m' \varepsilon M_i$ stets $(m,m') \varepsilon \Theta$ gilt. Der Satz 1.2 weist darauf hin, dass sich $\Theta(M_1;\ldots;M_n)$ mit Hilfe der 1-stelligen, algebraischen Funktionen von $\mathbf{A}$ charakterisieren lässt. Für die Formulierung dieses Charakterisierungssatzes und seine spätere Anwendungen ist es bequem, folgende Abkürzung einzuführen: Ist Δ eine Menge von Abbildungen einer Menge A in sich und sind $M_1,\ldots,M_n$ Teilmengen von A , dann gelte

$$p \equiv q(\text{mod } M_1,\ldots,M_n;\Delta)$$

für $p,q \varepsilon A$, wenn Abbildungen $\delta_o,\ldots,\delta_m \varepsilon \Delta$ existieren, so dass $p \varepsilon \delta_o M_{i_o}, q \varepsilon \delta_m M_{i_m}$ und $\delta_{k-1}M_{i_{k-1}} \cap \delta_k M_{i_k} \neq \emptyset$ für alle $1 \leq k \leq m$ und geeignete $1 \leq i_k \leq n$ ist. Über die so definierte binäre Relation soll für spätere Zwecke noch ein Hilfssatz angemerkt werden.

<u>Hilfssatz 1.3:</u> Ist Δ eine Halbgruppe von Abbildungen einer Menge A in sich und M eine Teilmenge von A , dann folgt aus $p \equiv q(\text{mod } M;\Delta)$ und $r \equiv s(\text{mod}\{p,q\};\Delta)$ stets $r \equiv s(\text{mod } M\,;\Delta)$.

Beweis: Wegen $p \equiv q(\text{mod } M;\Delta)$ existieren $\delta_o,\ldots,\delta_m \varepsilon \Delta$ mit $p \varepsilon \delta_o M$, $q \varepsilon \delta_m M$ und $\delta_{k-1}M \cap \delta_k M \neq \emptyset$ $(1 \leq k \leq m)$; wegen $r \equiv s(\text{mod}\{p,q\};\Delta)$ existieren $\gamma_o,\ldots,\gamma_n \varepsilon \Delta$ mit $r \varepsilon \gamma_o\{p,q\}$, $s \varepsilon \gamma_n\{p,q\}$ und $\gamma_{j-1}\{p,q\} \cap \gamma_j\{p,q\} \neq \emptyset$ $(1 \leq j \leq n)$. Da mit γ_j und δ_k auch $\gamma_j\delta_k$ in Δ liegt, hat man $\gamma_j p \equiv \gamma_j q(\text{mod } M;\Delta)$ für $j = 1,\ldots,n$. Daraus erhält man $r \equiv s(\text{mod } M;\Delta)$.

<u>Satz 1.4:</u> $\hat{F}(\mathbf{A})$ bezeichne die Menge aller 1-stelligen, algebraischen Funktionen der Algebra $\mathbf{A}$. Für $a,a' \varepsilon A$ und $M_1,\ldots,M_n \subseteq A$ ist genau dann $(a,a') \varepsilon \Theta(M_1;\ldots;M_n)$, wenn $a \equiv a'(\text{mod } M_1,\ldots,M_n;\hat{F}(\mathbf{A}))$ gilt.

Beweis: Sei Φ die Menge aller Elementepaare $(a,a')\varepsilon A\times A$, so dass $a\equiv a'(\mathrm{mod}\ M_1,\ldots,M_n;\hat{F}(\mathbf{A}))$ gilt. Wegen Hilfssatz 1.1 ist offenbar $\Phi\subseteq\Theta(M_1;\ldots;M_n)$. Da trivialerweise $M_k\times M_k\subseteq\Phi$ für alle $k=1,\ldots,n$ ist, hat man Satz 1.4 bewiesen, wenn man Φ als Kongruenzrelation von $\mathbf{A}$ nachweist. Es ist klar, dass Φ eine Äquivalenzrelation von A ist. Da $\hat{F}(\mathbf{A})$ bezüglich der Komposition eine Halbgruppe ist, folgt für eine 1-stellige, algebraische Funktion $\bar{f}$ von $\mathbf{A}$ aus $(a,a')\varepsilon\Phi$ stets $(\bar{f}(a),\bar{f}(a'))\varepsilon\Phi$. Nach Satz 1.2 ist Φ somit eine Kongruenzrelation.

Für $\Theta(\{x_{11},\ldots,x_{1s_1}\};\ldots;\{x_{t1},\ldots,x_{ts_t}\})$ soll in dieser Arbeit abkürzend $\Theta(x_{11},\ldots,x_{1s_1};\ldots;x_{t1},\ldots,x_{ts_t})$ geschrieben werden.

<u>Zusatz 1.5:</u> Gilt in einer Algebra $\mathbf{A}$ $(a,a')\varepsilon\Theta(a_{11},\ldots,a_{1s_1};\ldots;a_{t1},\ldots,a_{ts_t})$ dann gibt es schon eine von einer endlichen Menge erzeugte Unteralgebra von $\mathbf{A}$, in der $(a,a')\varepsilon\Theta(a_{11},\ldots,a_{1s_1};\ldots;a_{t1},\ldots,a_{ts_t})$ gilt.

Beweis: Nach Satz 1.4 ist $(a,a')\varepsilon\Theta(a_{11},\ldots,a_{1s_1};\ldots;a_{t1},\ldots,a_{ts_t})$ äquivalent mit der Existenz von 1-stelligen, algebraischen Funktionen $\bar{g}_o,\ldots,\bar{g}_m$ von $\mathbf{A}$, für die $a\,\varepsilon\,\bar{g}_o(\{a_{i_o1},\ldots,a_{i_os_{i_o}}\})$,
$a'\,\varepsilon\,\bar{g}_m(\{a_{i_m1},\ldots,a_{i_ms_{i_m}}\})$ und
$\bar{g}_{k-1}(\{a_{i_{k-1}1},\ldots,a_{i_{k-1}s_{k-1}}\})\cap\bar{g}_k(\{a_{i_k1},\ldots,a_{i_ks_k}\})\neq\emptyset$ für $1\leq k\leq m$
und geeignete $1\leq i_k\leq t$ ist. Die algebraischen Funktionen $\bar{g}_o,\ldots,\bar{g}_m$ entstehen aus algebraischen Operationen durch Substitution endlich vieler Elemente $b_{o1},\ldots,b_{on_o},\ldots,b_{m1},\ldots,b_{mn_m}\,\varepsilon\,A$. Offenbar gilt $(a,a')\varepsilon\Theta(a_{11},\ldots,a_{1s_1};\ldots;a_{t1},\ldots,a_{ts_t})$ in der Unteralgebra $\langle\{a,a',a_{11},\ldots,a_{1s_1},\ldots,a_{t1},\ldots,a_{ts_t},b_{o1},\ldots,b_{on_o},\ldots,b_{m1},\ldots,b_{mn_m}\}\rangle$ von $\mathbf{A}$.

In einer Algebra $\mathbf{A}$ werden die Äquivalenzklassen einer Kongruenzrelation <u>Kongruenzklassen</u> von $\mathbf{A}$ genannt. Ist $a\,\varepsilon\,A$ und $\Theta\,\varepsilon\,\mathfrak{C}(\mathbf{A})$, dann bezeichnet $[a]\Theta$ die Kongruenzklasse von Θ , die a enthält. Da der Durchschnitt von Kongruenzrelationen stets eine Kongruenzrelation ist, ist jeder nicht leere Durchschnitt von Kongruenzklassen wieder eine Kongruenzklasse. Somit existiert zu jeder nicht leeren Teilmenge M von A eine kleinste, M enthaltende Kongruenzklasse $[M]$ von $\mathbf{A}$. Beachtet man, dass $[M]$ Kongruenzklasse von $\Theta(M)$ ist, so bekommt man aus Satz 1.4 unmittelbar folgenden wichtigen Charakterisierungssatz:

Satz 1.6: $\bar{F}(\mathbf{A})$ bezeichne die Menge aller nicht konstanten, 1-stelligen, algebraischen Funktionen der Algebra $\mathbf{A}$. Für eine nicht leere Teilmenge M von A gilt dann $[M] = \{a \mid a \equiv m(\mathrm{mod}\ M;\bar{F}(\mathbf{A}))$ für ein $m \in M\}$.

Definiert man in einer Algebra $\mathbf{A}$ noch $[\emptyset] = \emptyset$, so bildet A zusammen mit dem Hüllenoperator $M \longmapsto [M]$ eine Hüllenstruktur, die mit $\Gamma(\mathbf{A})$ bezeichnet werden soll (über Hüllenstrukturen s. SCHMIDT [28]). Wesentliches Ziel dieser Arbeit ist es, die so definierten Hüllenstrukturen $\Gamma(\mathbf{A})$ zu untersuchen und zu charakterisieren. Es eignet sich dazu eine geometrische Betrachtungsweise, für die die Grundbegriffe im zweiten Abschnitt entwickelt werden.

2. Geometrische Grundbegriffe

Für die Untersuchungen dieser Arbeit empfiehlt es sich, Geometrien in einem sehr allgemeinen Sinne zu betrachten. Als axiomatische Grundlegung eignet sich dafür am besten die hüllentheoretische Definition einer Geometrie, die MAEDA in [20] angegeben hat. MAEDA nimmt als undefinierte Grundbegriffe einer Geometrie die Menge aller Punkte und den Operator, der jeder Teilmenge von Punkten den von ihr aufgespannten Teilraum zuordnet. In diesem Sinne wird eine (abstrakte) Geometrie Γ definiert als eine Menge G mit einem Operator, der jeder Teilmenge X von G eine Teilmenge $[X]$ von G so zuordnet, dass folgende Axiome erfüllt sind:

(I) $X \subseteq [X] = [[X]]$ für alle Teilmengen X von G.

(II) $[p] = p$ für alle $p \in G$.

(III) $[\emptyset] = \emptyset$

(IV) $[X] = \bigcup([Y] \mid Y$ endliche Teilmenge von $X)$ für alle Teilmengen X von G.

(Es ist zu bemerken, dass für $[\{p\}] = \{p\}$ kürzer $[p] = p$ geschrieben wird; ebenso $[p,q]$, $[p,q,r], \ldots, [p,X], [p,q,X], \ldots$ an Stelle von $[\{p,q\}], [\{p,q,r\}], \ldots, [\{p\} \cup X], [\{p,q\} \cup X], \ldots$). Die Elemente von G werden Punkte genannt. Teilmengen von G der Form $[X]$ heissen Teilräume oder auch das Erzeugnis von X. Ein Teilraum $[X]$ hat den Rang $|X|$, wenn $[X]$ nicht das Erzeugnis einer Punktmenge von kleinerer Mächtigkeit als X ist; unter dem Rang der Geometrie Γ soll der Rang von G verstanden werden. Ein Teilraum vom Rang 2 heisst Gerade, ein Teilraum vom Rang 3 Ebene.

Da der Durchschnitt von Teilräumen einer Geometrie Γ wieder Teilraum von Γ ist, bilden die Teilräume von Γ bezüglich der mengentheoretischen Inklusion einen vollständigen Verband $\mathfrak{D}(\Gamma)$, der dazu noch atomistisch und nach oben stetig ist. Umgekehrt ist jeder vollständige, atomistische, nach oben stetige Verband isomorph zu dem Verband aller Teilräume einer geeigneten Geometrie (s. MAEDA [20]), weshalb solche Verbände als <u>geometrisch</u> bezeichnet werden. Ein <u>matroider</u> Verband ist ein halbmodularer, geometrischer Verband.

Ausgehend von der Maedaschen Definition einer Geometrie hat JÓNSSON in [15] eine Reihe spezieller Geometrien bis hin zu den affinen und projektiven Geometrien beschrieben. Folgende Axiome werden dazu eingeführt:

(V) <u>Austauschaxiom:</u> Für $p,q \in G$ und $X \subseteq G$ folgt aus $p \in [q,X]$ und $p \notin [X]$ stets $q \in [p,X]$.

(VI) Ist $X \subseteq G$ und gilt für alle $p,q,r \in X$ stets $[p,q,r] \subseteq X$, dann ist $[X] = X$.

(VII) Zu $p,q,r \in G$ und $X \subseteq G$ mit $p \in [q,X]$ und $r \in [X]$ existiert ein $s \in [X]$ mit $p \in [q,r,s]$.

(VIII) <u>Parallelenaxiom:</u> Zu einer Geraden K und einem Punkt p existiert genau eine Gerade L in $[p,K]$ mit $p \in L$, so dass entweder $L \subseteq K$ oder $K \cap L = \emptyset$ ist.

(IX) Zu $p,q \in G$ und $X \subseteq G$ mit $p \in [q,X]$ existiert ein $r \in [X]$ mit $p \in [q,r]$.

(X) $[X] = X$ für alle Teilmengen X von G .

Die folgende Aufstellung gibt an, welche Geometrien durch welche Axiome beschrieben werden und wie diese Geometrien verbandstheoretisch charakterisiert sind:

Bezeichnung von Γ	Axiome von Γ	$\mathfrak{B}(\Gamma)$
Geometrie	(I) bis (IV)	geometrisch
Geometrie mit Austauschaxiom	(I) bis (V)	matroid
planare Geometrie	(I) bis (VI)	
streng planare Geometrie	(I) bis (V),(VII)	matroid,schwach modular
affine Geometrie	(I) bis (V),(VII),(VIII)	
projektive Geometrie	(I) bis (V),(IX)	geometrisch,modular
diskrete Geometrie	(X)	geometrisch,distributiv

Jede streng planare Geometrie ist planar und jede projektive Geometrie ist streng planar. Diese und weitere Einzelheiten, insbesondere die vielfältigen verbandstheoretischen Charakterisierungen, kann man in JÓNSSON [15] nachlesen, wo man auch eine umfangreiche Literaturübersicht findet. Die verbandstheoretischen Charakterisierungen stellen bei Geometrien den Zusammenhang zwischen der hüllentheoretischen und der meist üblichen inzidenzgeometrischen Axiomatik her (s. dazu WILLE [34]).

Nicht in allen Geometrien lässt sich Parallelität befriedigend mit Hilfe des Teilraumbegriffes erklären, so dass in solchen Fällen eine Parallelrelation als weiterer undefinierter Grundbegriff hinzugenommen wird (s. etwa SPERNER [31], ANDRE [1]). Auch für die Untersuchungen dieser Arbeit ist es nützlich im Rahmen der hüllentheoretischen Definition einer Geometrie eine Parallelrelation einzuführen. Eine binäre Relation Π auf der Menge $\underline{\mathfrak{B}}(\Gamma)$ aller nicht leeren Teilräume einer Geometrie Γ heisse <u>schwacher Parallelismus</u>, wenn folgende Bedingungen erfüllt sind:

(1) $R\Pi R$ für alle $R\in\underline{\mathfrak{B}}(\Gamma)$.

(2) Zu $R,S,T,U\in\underline{\mathfrak{B}}(\Gamma)$ mit $R\Pi S$, $S\supseteq T$ und $T\Pi U$ existiert ein $V\in\underline{\mathfrak{B}}(\Gamma)$ mit $U\subseteq V$ und $R\Pi V$.

(3) Für $R,S \in \mathfrak{Q}(\Gamma)$ und $p \in S$ folgt aus $R\Pi S$ stets $S \subseteq [p,R]$.

(4) Zu $R \in \mathfrak{Q}(\Gamma)$ und $p \in G$ existiert genau ein $S \in \mathfrak{Q}(\Gamma)$ mit $R\Pi S$ und $p \in S$.

Häufig ist es angebracht, den Vorbereich von Π auf die Menge $\mathfrak{G}(\Gamma)$ aller Geraden einzuschränken; in diesem Fall soll von einem <u>schwachen Geradenparallelismus</u> gesprochen werden. Zu jedem schwachen Parallelismus Π gehört somit ein schwacher Geradenparallelismus $\underline{\Pi} := \Pi \cap (\mathfrak{G}(\Gamma) \times \mathfrak{Q}(\Gamma))$. Mit $\Pi(p|X)$ für $p \in G$ und $\emptyset \neq X \subseteq G$ soll der nach (4) eindeutig existierende Teilraum S von Γ bezeichnet werden, für den $[X]\Pi S$ und $p \in S$ gilt. Offenbar zieht $p \in X$ wegen (1) $\Pi(p|X) = [X]$ nach sich, so dass man eine Geometrie mit schwachem Parallelismus allein mit dem Operator $(p,X) \longmapsto \Pi(p|X)$ definieren kann. Unter diese Betrachtungsweise würden auch die Geometrien ohne schwachen Parallelismus fallen, da man auf jeder Geometrie durch

$$\Pi(p|X) := \begin{cases} [X], \text{ falls } p \in X , \\ [p], \text{ falls } p \notin X , \end{cases}$$

einen schwachen Parallelismus einführen kann. Ist ein schwacher (Geraden-) Parallelismus sogar eine Äquivalenzrelation auf $\mathfrak{Q}(\Gamma)$ (auf $\mathfrak{G}(\Gamma)$) , dann soll Π <u>(Geraden-) Parallelismus</u> heissen. Zu beachten ist, dass für einen Parallelismus Π im allgemeinen $\underline{\Pi}$ kein Geradenparallelismus zu sein braucht.

An Axiom (IV) liest man sofort ab, dass in einer Geometrie aus $X \subseteq Y$ stets $[X] \subseteq [Y]$ folgt. Dass auch der Operator $(p,X) \longmapsto \Pi(p|X)$ monoton ist, zeigt der nachstehende Hilfssatz.

<u>Hilfssatz 2.1:</u> In einer Geometrie mit schwachem Parallelismus Π folgt aus $\emptyset \neq X \subseteq Y$ stets $\Pi(p|X) \subseteq \Pi(p|Y)$.

Beweis: Wegen $[Y]\Pi[Y], [Y] \supseteq [X]$ und $[X]\Pi(\Pi(p|X))$ existiert nach (2) ein nicht leerer Teilraum V mit $\Pi(p|X) \subseteq V$ und $[Y]\Pi V$. Da p in V liegt, muss nach (4) $V = \Pi(p|Y)$ sein; also gilt $\Pi(p|X) \subseteq \Pi(p|Y)$.

Wie in fast allen Strukturtheorien spielen auch für Geometrien geeignete Morphismen eine wichtige Rolle. In Analogie zu den stetigen Abbildungen bei topologischen Räumen wird ein <u>Geomorphismus</u> φ definiert als eine Abbildung von Γ in Γ' – Γ und Γ' seien Geometrien (mit schwachem Parallelismus) –, so dass $\varphi[X] \subseteq [\varphi X]$ $(\varphi\Pi(p|X) \subseteq \Pi(\varphi p|\varphi X))$ für $X \subseteq G$ $(p \varepsilon G$ und $\emptyset \neq X \subseteq G)$ gilt; gilt sogar $\varphi[X] = [\varphi X]$ $(\varphi\Pi(p|X) = \Pi(\varphi p|\varphi X))$, so soll φ <u>starker Geomorphismus</u> heissen. Ein <u>Isomorphismus</u> zwischen Geometrien ist dann ein eineindeutiger, surjektiver, starker Geomorphismus. Im folgenden wird eine Geometrie mit schwachem Parallelismus häufig kurz nur Geometrie genannt, wenn aus dem Zusammenhang klar hervorgeht, welcher schwache Parallelismus zu der Geometrie gehört. Geomorphismen zwischen solchen Geometrien sollen natürlich mit den zugehörigen schwachen Parallelismen verträglich sein (in dem beschriebenen Sinne).

In Geometrien betrachtet man am häufigsten Aussagen über Teilräume, die von endlich vielen Punkten erzeugt werden; z.B. "Zwei verschiedene Punkte sind in genau einer Geraden enthalten" oder "Die Schnittpunkte der Diagonalen eines nicht ausgearteten Vierecks liegen nicht in einer Geraden". Für die Untersuchungen dieser Arbeit sind besonders zwei Typen derartiger Aussagen wichtig, die sich gut anhand des (affinen) Satzes von Desargues veranschaulichen lassen. Eine Geometrie Γ mit schwachem (Geraden-) Parallelismus Π soll <u>desarguessch</u> heissen, wenn folgende zwei Aussagen in Γ gelten:

(P_3) $\forall x_1 x_2 x_3 y_1 \; \exists y_2 y_3 (y_2 \varepsilon \Pi(x_2|x_1,y_1) \wedge y_3 \varepsilon \Pi(x_3|x_1,y_1) \wedge$
$y_2 \varepsilon \Pi(y_1|x_1,x_2) \wedge y_3 \varepsilon \Pi(y_1|x_1,x_3) \wedge y_3 \varepsilon \Pi(y_2|x_2,x_3))$

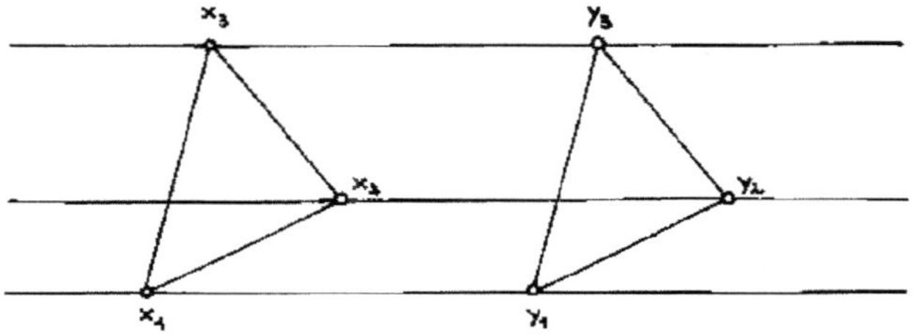

(Z_3) $\forall x_0 x_1 x_2 x_3 y_1 \; \exists y_2 y_3 (y_1 \varepsilon [x_0,x_1] \rightarrow y_2 \varepsilon [x_0,x_2] \wedge y_3 \varepsilon [x_0,x_3] \wedge$
$y_2 \varepsilon \Pi(y_1|x_1,x_2) \wedge y_3 \varepsilon \Pi(y_1|x_1,x_3) \wedge y_3 \varepsilon \Pi(y_2|x_2,x_3)$

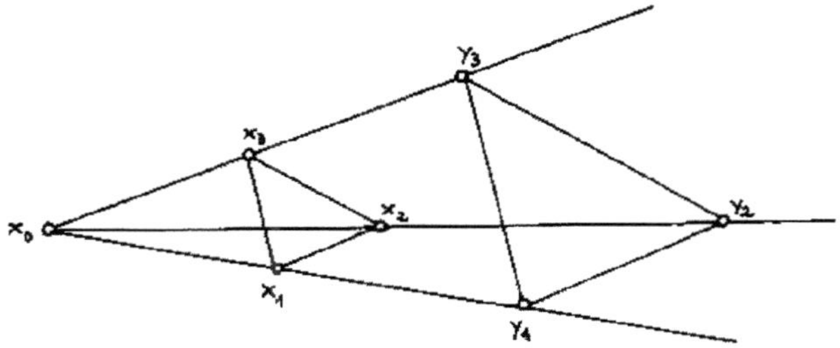

(Es ist zu bemerken, dass für $\Pi(y|\{x_1,\ldots,x_n\})$ kürzer $\Pi(y|x_1,\ldots,x_n)$ geschrieben wird). Mit (P_3) und (Z_3) wurden geometrische Aussagen angestrebt, die möglichst einfach in der Prädikatenlogik der ersten Stufe formuliert sind und deren Gültigkeit in einer affinen Geometrie (mit dem "natürlichen" Parallelismus Π) zur Gültigkeit des Satzes von Desargues (vgl. Theorem 2.15 in ARTIN'[3]) äquivalent ist. Die Aussage (P_3) ist von der Form $\forall x_1 \ldots x_n \; \exists y_1 \ldots y_m(\mu)$, wobei der Kern μ eine Konjunktion atomarer Ausdrücke ist (keine Negation!). (Z_3)

ist eine Aussage der Gestalt $\forall x_1 \ldots x_n \, \exists y_1 \ldots y_m (\nu \rightarrow \mu)$, wobei die Variablen $y_1, \ldots, y_m$ nur in dem Ausdruck μ auftreten, der wieder eine Konjunktion atomarer Ausdrücke ist (bzgl. der logischen Terminologie s. HERMES [13]).

Es ist zweckmässig, die an (P_3) und (Z_3) veranschaulichten Aussagetypen noch etwas allgemeiner zu fassen, wozu folgende Bezeichnung eingeführt wird:

$$\Pi(x|x_{11},\ldots,x_{1s_1};\ldots;x_{t1},\ldots,x_{ts_t}) := [\Pi(x|x_{11},\ldots,x_{1s_1}) \cup \ldots \cup \Pi(x|x_{t1},\ldots,x_{ts_t})] \; .$$

Unter einer (allgemeinen) Rahmenaussage soll eine Aussage der Gestalt

$$(R) \qquad \forall x_1 \ldots x_{g(R)} \, \exists y_1 \ldots y_{p(R)} (\mu)$$

verstanden werden, wenn der Kern μ von (R) nur aus Ausdrücken der Form $y \in \Pi(x|x_{11},\ldots,x_{1s_1};\ldots;x_{t1},\ldots,x_{ts_t})$ sowie den logischen Symbolen $\wedge$ (und), $\vee$ (oder) und Klammern zusammengesetzt ist. Für Konstante $c_1,\ldots,c_i$ $(i \leq g(R))$ erhält man aus der allgemeinen Rahmenaussage (R) die spezielle Rahmenaussage

$$(R;c_1,\ldots,c_i) \qquad \forall x_{i+1} \ldots x_{g(R)} \, \exists y_1 \ldots y_{p(R)} (\mu_i) \; ;$$

dabei geht μ_i aus μ hervor, in dem man für die Variablen $x_1,\ldots,x_i$ der Reihe nach die Konstanten $c_1,\ldots,c_i$ einsetzt.

Unter einer (allgemeinen) Schliessungsaussage soll eine Aussage der Gestalt

$$(S) \qquad \forall x_1 \ldots x_{r(S)} \ldots x_{g(S)} \, \exists y_1 \ldots y_{p(S)} (\nu \rightarrow \mu)$$

verstanden werden, wenn μ Kern einer Rahmenaussage ist und ν aus Ausdrücken der Form $y \in \Pi(x|x_{11},\ldots,x_{1s_1};\ldots;x_{t1},\ldots,x_{ts_t})$ und $y \notin \Pi(x|x_{11},\ldots,x_{1s_1};\ldots;x_{t1},\ldots,x_{ts_t})$ sowie den logischen Symbolen

$\wedge, \vee$ und Klammern zusammengesetzt ist; fernerhin sollen $y_1,\ldots,y_{p(S)}$ nur in μ auftreten, und bei allen Teilausdrücken von ν der Form $y \varepsilon \Pi(x|x_{11},\ldots,x_{1s_1};\ldots;x_{t1},\ldots,x_{ts_t})$ sollen $x_1,\ldots,x_{r(S)}$ nur rechts, $x_{r(S)+1},\ldots,x_{g(S)}$ höchstens einmal links und niemals rechts von ε stehen. Für Konstante $c_1,\ldots,c_i$ $(i \leq g(S))$ erhält man aus der allgemeinen Schliessungsaussage (S) die <u>spezielle Schliessungsaussage</u>

$$(S;c_1,\ldots,c_i) \quad \forall x_{i+1}\ldots x_{g(S)}\ \exists y_1\ldots y_{p(S)}(\nu_i \longrightarrow \mu_i) \ ;$$

dabei geht ν_i bzw. μ_i aus ν bzw. μ hervor, indem man für die Variablen $x_1,\ldots,x_i$ der Reihe nach die Konstanten $c_1,\ldots,c_i$ einsetzt. In Rahmen- und Schliessungsaussagen soll abkürzend $[x_1,\ldots,x_n]$ statt $\Pi(x_1|x_1,\ldots,x_n)$, $y = x$ statt $y \varepsilon \Pi(x|x)$ und $y \neq x$ statt $y \notin \Pi(x|x)$ geschrieben werden, was ja geometrisch interpretiert das Gleiche bedeutet.

Die Aussage (P_3) gehört zur abzählbaren Folge der Rahmenaussagen

$$(P_n) \quad \forall x_1\ldots x_n y_1\ \exists y_2\ldots y_n\Big(\bigwedge_{1\leq i<j\leq n}(y_j \varepsilon \Pi(x_j|x_1,y_1) \wedge y_j \varepsilon \Pi(y_i|x_i,x_j))\Big) \ ;$$

die Aussage (Z_3) gehört zur abzählbaren Folge der Schliessungsaussagen

$$(Z_n) \quad \forall x_0\ldots x_n y_1\ \exists y_2\ldots y_n(y_1 \varepsilon [x_0,x_1] \rightarrow \bigwedge_{1\leq i<j\leq n}(y_j \varepsilon [x_0,x_j] \wedge y_j \varepsilon \Pi(y_i|x_i,x_j)))$$

($\bigwedge$ ist das logische Zeichen für die iterierte Konjunktion). Weitere wichtige Beispiele von Schliessungsaussagen erhält man aus den Axiomen (V) und (VII):

$$(A_n) \quad \forall x_1\ldots x_n y(y \varepsilon [x_1,\ldots,x_n] \wedge y \notin [x_1,\ldots,x_{n-1}] \longrightarrow x_n \varepsilon [x_1,\ldots,x_{n-1},y]) \ ,$$

$$(S_n) \quad \forall x_0\ldots x_n y\ \exists z(y \varepsilon [x_0,\ldots,x_n] \longrightarrow y \varepsilon [x_0,x_1,z] \wedge z \varepsilon [x_1,\ldots,x_n]) \ .$$

Besondere Bedeutung kommt der Schliessungsaussage (A_2) zu; denn in einer Geometrie gilt genau dann (A_2), wenn zwei verschiedene Punkte stets in genau einer Geraden liegen. Geometrien, die (A_2) genügen, sollen deshalb <u>Geometrien mit eindeutigen Verbindungsgeraden</u> genannt werden. Den Zusammenhang zwischen dem Axiom (V) bzw. (VII) und den Schliessungsaussagen (A_n) bzw. (S_n) beschreibt der folgende Hilfssatz, den man leicht mit Hilfe von Axiom (IV) beweist.

<u>Hilfssatz 2.2:</u> Eine Geometrie Γ genügt genau dann (V) bzw. (VII), wenn (A_n) bzw. (S_n) in Γ für alle $n = 1,2,3,\ldots$ gilt.

Dem Parallelenaxiom (VIII) sind die folgenden Schliessungsaussagen verwandt:

(PA_n) $\forall x_o \ldots x_n y \; \exists z (y \varepsilon [x_o,\ldots,x_n] \longrightarrow z \varepsilon [x_o,x_1] \wedge z \varepsilon \Pi(y|x_1,\ldots,x_n))$.

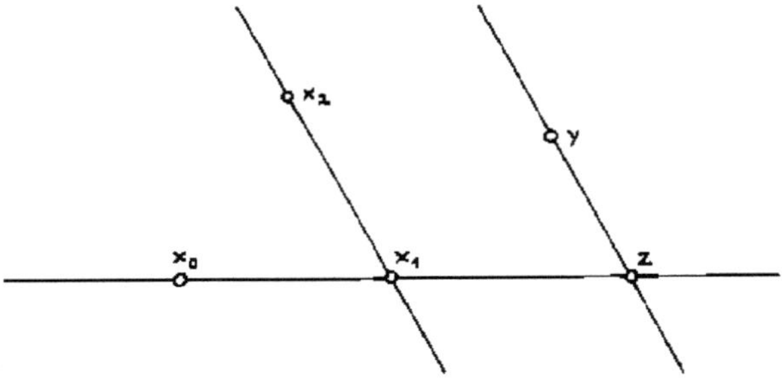

Die Aussagen (PA_n) ermöglichen eine Charakterisierung der affinen Geometrien durch Schliessungsaussagen, was für spätere Anwendungen wichtig ist. Zur Vorbereitung dieser Charakterisierung sind einige Hilfssätze notwendig.

<u>Hilfssatz 2.3:</u> In einer Geometrie gilt mit (A_2) und (PA_{n-1}) auch (A_n) .

Beweis: Sei $q \varepsilon [p_1,\ldots,p_n]$ und $q \notin [p_1,\ldots,p_{n-1}]$. Da (PA_{n-1}) gilt, existiert ein $r \varepsilon [p_n,p_1]$ mit $r \varepsilon \Pi(q|p_1,\ldots,p_{n-1})$. Wegen

$q \notin [p_1,\dots,p_{n-1}]$ ist $r \neq p_1$, also $p_n \varepsilon [p_1,r]$ auf Grund von (A_2) . Da r in $[p_1,\dots,p_{n-1},q]$ liegt, ist somit auch $p_n \varepsilon [p_1,\dots,p_{n-1},q]$, was zu beweisen war.

Hilfssatz 2.4: Enthält jede Ebene einer Geometrie Γ mindestens vier Punkte und gilt (A_2) und (PA_2) in Γ , dann genügt Γ dem Parallelenaxiom (VIII) .

Beweis: Sei $[p,q]$ eine Gerade und r ein Punkt in Γ . Ist $r \varepsilon [p,q]$, dann ist $[p,q]$ die gesuchte Gerade in $[p,q,r]$ (Eindeutigkeit wegen (A_2)!). Deshalb kann für das weitere $[p,q,r]$ als Ebene vorausgesetzt werden. Nach Voraussetzung existiert dann ein $s \varepsilon [p,q,r]$ mit $s \notin \{p,q,r\}$.

1. Fall: $s \notin [p,q]$. Da nach Hilfssatz 2.3 (A_3) in Γ gilt, ist $r \varepsilon [p,q,s]$. Wegen (A_2) kann o.B.d.A. $r \notin [s,p]$ angenommen werden. Nach (PA_2) existiert ein $t \varepsilon [s,p]$ mit $t \varepsilon \Pi(r|p,q)$. Dann hat man mit $[r,t]$ eine Gerade in $[p,q,r]$, für die $[p,q] \cap [r,t] = \emptyset$ ist. Angenommen es gibt eine Gerade $[r,u] \neq [r,t]$ in $[p,q,r]$ mit $[p,q] \cap [r,u] = \emptyset$. Wegen (PA_2) existiert ein $v \varepsilon [r,p]$ mit $v \varepsilon \Pi(u|p,q)$. Aus $u \notin [r,t]$ folgt $v \neq r$ und damit $p \varepsilon [r,v]$, also erst recht $p \varepsilon [r,u,v]$. Wieder wegen (PA_2) existiert ein $w \varepsilon [r,u]$ mit $w \varepsilon \Pi(p|u,v)$. Daraus ergibt sich $w \varepsilon [p,q] \cap [r,u]$, was ein Widerspruch zu $[p,q] \cap [r,u] = \emptyset$ ist. Demnach ist $[r,t]$ die einzige Gerade durch r in $[p,q,r]$, die leeren Durchschnitt mit $[p,q]$ hat.

2. Fall: $s \varepsilon [p,q]$. Wegen $q \varepsilon [s,r,p]$ existiert auf Grund von (PA_2) ein $s' \varepsilon [s,r]$ mit $s' \varepsilon \Pi(q|r,p)$. Aus $q \notin [r,p]$ folgt $r \neq s' \neq p$. Wegen $s' \notin [p,q]$ ist auch $s' \neq q$. Daher kann man mit s' an Stelle von s wie im 1. Fall zeigen, dass es genau eine Gerade durch r in $[p,q,r]$ gibt, die leeren Durchschnitt mit $[p,q]$ hat. Damit ist

das Parallelenaxiom (VIII) für Γ nachgewiesen.

<u>Hilfssatz 2.5:</u> Enthält jede Ebene einer Geometrie Γ mindestens vier Punkte und gilt (A_2) und (PA_n) in Γ, dann genügt Γ auch (S_n).

Beweis: Für $n = 2$ ist der Hilfssatz trivialerweise richtig, da (S_2) in jeder Geometrie gilt. Es werde vorausgesetzt, dass der Hilfssatz schon für $n = m - 1$ bewiesen ist $(m>2)$. Man gehe nun davon aus, dass neben (A_2) auch (PA_m) in Γ gilt. Dann genügt Γ nach Hilfssatz 2.3 der Schliessungsaussage (A_{m+1}). Sei $q \varepsilon [p_o,\dots,p_m]$.

<u>1. Fall:</u> $p_m \notin \Pi(q|p_o,\dots,p_{m-1})$. Nach (PA_m) existieren $r_i \varepsilon [p_i,p_m]$ mit $r_i \varepsilon \Pi(q|p_o,\dots,p_{m-1})$ $(0 \leq i<m)$. Wegen $r_i \neq p_m$ und (A_2) ist $p_i \varepsilon [r_i,p_m]$ $(0\leq i<m)$. Daraus folgt $[p_o,\dots,p_m] = [r_o,\dots,r_{m-1},p_m]$, also $q \varepsilon [r_o,\dots,r_{m-1},p_m]$. Wäre $q \notin [r_1,\dots,r_{m-1}]$, so hätte man wegen (A_m) $p_m \varepsilon [r_o,\dots,r_{m-1},q] \subseteq \Pi(q|p_o,\dots,p_{m-1})$, was der Voraussetzung für den 1. Fall widerspräche. Somit gilt $q \varepsilon [r_o,\dots,r_{m-1}]$. Nach Induktionsvoraussetzung existiert ein $s \varepsilon [r_1,\dots,r_{m-1}]$ mit $q \varepsilon [r_o,r_1,s]$. Es gibt ferner nach (PA_2) ein $t \varepsilon [r_1,s]$ mit $r \varepsilon \Pi(q|r_o,r_1)$. Da wegen $s \varepsilon [p_1,\dots,p_m]$ ist, hat man nur noch $q \varepsilon [p_o,p_1,t]$ zu zeigen. Ist $[p_o,p_m] = [p_1,p_m]$, dann gilt $r_o = r_1$; denn wäre $r_o \neq r_1$, so hätte man $p_m \varepsilon [r_o,r_1] \subseteq \Pi(q|p_o,\dots,p_{m-1})$. Aus $r_o = r_1$ folgt $q = t$, also trivialerweise $q \varepsilon [p_o,p_1,t]$. Ist $[p_o,p_m] \neq [p_1,p_m]$, dann existiert wegen $r_o \varepsilon [p_m,p_o,p_1]$ und (PA_2) ein $u \varepsilon \Pi(r_o|p_o,p_1)$ mit $u \varepsilon [p_1,p_m]$. Daher ist der Rang von $\Pi(r_o|p_o,p_1)$ grösser als 1. Aus Hilfssatz 2.1 und (A_3) folgt $\Pi(r_o|p_o,p_1) = \Pi(r_o|p_o,\dots,p_{m-1}) \cap [p_o,p_1,p_m]$. Wegen $r_1 \varepsilon \Pi(r_o|p_o,\dots,p_{m-1})$ und $r_1 \varepsilon [p_1,p_m]$ ist somit $r_1 \varepsilon \Pi(r_o|p_o,p_1)$. Zusammen mit $q \varepsilon \Pi(t|r_o,r_1)$ ergibt das $q \varepsilon \Pi(t|p_o,p_1)$ auf Grund der Bedingung (2) für einen schwachen Parallelismus. Aus Bedingung (3) erhält man dann die gewünschte Beziehung $q \varepsilon [p_o,p_1,t]$.

2. Fall: $p_m \varepsilon \Pi(q|p_o,\ldots,p_{m-1})$. Nach (PA_m) existiert ein $r\varepsilon[p_o,p_1]$ mit $r\varepsilon\Pi(q|p_1,\ldots,p_m)$. Ist $r = p_1$, dann ist man wegen $q\varepsilon[p_1,\ldots,p_m]$ fertig. Für das weitere kann somit $r \neq p_1$ und auch $q \notin [p_o,p_1]$ vorausgesetzt werden. Ist auch $r \neq p_o$, dann wähle man ein $q'\varepsilon[p_o,q] \cap \Pi(r|q,p_1)$, was wegen (PA_2) möglich ist. $q' = q$ ergibt $r\varepsilon[q,p_1]$, also $q\varepsilon[r,p_1]$ und damit $q\varepsilon[p_o,p_1]$. $q' \neq q$ und $p_m\varepsilon\Pi(q'|p_o,\ldots,p_{m-1})$ ergeben $p_o\varepsilon[q,q'] \subseteq \Pi(q|p_o,\ldots,p_{m-1})$, also $\Pi(q|p_o,\ldots,p_{m-1}) = [p_o,\ldots,p_{m-1}]$ und damit $q\varepsilon[p_o,\ldots,p_{m-1}]$, worauf die Induktionsvoraussetzung anwendbar ist. Ist $p_m \notin \Pi(q'|p_o,\ldots,p_{m-1})$, dann existiert nach dem 1. Fall ein $t\varepsilon[p_1,\ldots,p_m]$ mit $q'\varepsilon[p_o,p_1,t]$, für das wegen $q\varepsilon[p_o,q']$ auch $q\varepsilon[p_o,p_1,t]$ gilt. Es bleibt somit nur noch der Fall $r = p_o$ zu betrachten. Nach Hilfssatz 2.4 existiert in $[p_o,p_1,q]$ genau eine Gerade K mit $q\varepsilon K$ sowie $[p_o,p_1] \cap K = \emptyset$ und genau eine Gerade L mit $p_1\varepsilon L$ sowie $[p_o,q] \cap L = \emptyset$. Die Geraden K und L schneiden sich in einem Punkt t . Da nach (PA_2) $L \subseteq \Pi(p_1|p_o,q)$ gilt, was wegen $p_o\varepsilon\Pi(q|p_1,\ldots,p_m)$ und Bedingung (2) $L \subseteq [p_1,\ldots,p_m]$ zur Folge hat, erhält man $t\varepsilon[p_1,\ldots,p_m]$. Aus $t\varepsilon K$ folgt $t \notin [p_o,p_1]$, was wegen (A_3) $q\varepsilon[p_o,p_1,t]$ nach sich zieht. Damit ist endgültig bewiesen, dass (S_n) in Γ gilt.

Satz 2.6: Eine Geometrie Γ ist genau dann affin, wenn (A_2) , (P_2) und (PA_n) für alle $n = 1,2,3,\ldots$ in Γ bezüglich eines geeigneten schwachen Parallelismus gelten.

Beweis: Die bekannte Tatsache, dass eine affine Geometrie bezüglich des "natürlichen" Parallelismus den Schliessungsaussagen (A_2) , (P_2) und (PA_n) für $n = 1,2,3,\ldots$ genügt, soll hier ohne Beweis übernommen werden. Die Umkehrung bekommt man aus den Hilfssätzen 2.2, 2.3, 2.4 und 2.5, wenn man beachtet, dass wegen des "Parallelogrammaxioms" (P_2) jede Ebene von Γ mindestens vier Punkte enthält.

Von wesentlicher Bedeutung ist der Zusammenhang der Rahmenaussagen bzw. Schliessungsaussagen mit den Geomorphismen bzw. starken Geomorphismen. Dieser Zusammenhang soll zum Schluss dieses Abschnittes beschrieben werden.

Satz 2.7: φ sei ein Geomorphismus von Γ in Γ'.

(1) Gilt in Γ für fest gewählte Punkte $p_1,\dots,p_{g(R)}$ die spezielle Rahmenaussage $(R;p_1,\dots,p_{g(R)})$, dann gilt $(R;\varphi p_1,\dots,\varphi p_{g(R)})$ in Γ'.

(2) Gilt in Γ für fest gewählte Punkte $p_1,\dots,p_{r(S)}$ die spezielle Schliessungsaussage $(S;p_1,\dots,p_{r(S)})$ und ist φ stark sowie surjektiv, dann gilt $(S;\varphi p_1,\dots,\varphi p_{r(S)})$ in Γ'.

Beweis: Die Behauptung (1) folgt unmittelbar aus der Inklusion

$$\varphi\Pi(x|x_{11},\dots,x_{1s_1};\dots;x_{t1},\dots,x_{ts_t}) \subseteq \Pi(\varphi x|\varphi x_{11},\dots,\varphi x_{1s_1};\dots;\varphi x_{t1},\dots,\varphi x_{ts_t}) .$$

Zum Beweis der Bedingung (2) betrachte man irgendeine Interpretation ι in Γ' mit $\iota x_j = \varphi p_j$ $(1\leq j\leq r(S))$, bei der $\nu_{r(S)}$ in Γ' gilt. Da φ stark und surjektiv ist, gibt es eine Interpretation $\hat{\iota}$ in Γ mit $\varphi\hat{\iota}x_j = \iota x_j$ $(1\leq j\leq g(S))$, so dass $\hat{\iota}$ jeden atomaren Ausdruck α von $\nu_{r(S)}$ erfüllt, wenn ι den Ausdruck α erfüllt. Bei der Interpretation $\hat{\iota}$ gilt dann $\nu_{r(S)}$ in Γ, womit man auch die Gültigkeit der speziellen Rahmenaussage

$$(R_S;\hat{\iota}x_1,\dots,\hat{\iota}x_{g(S)}) \quad \exists y_1\dots y_{p(S)}\ (\mu_{r(S)})$$

in Γ hat. Nach Behauptung (1) gilt dann die spezielle Rahmenaussage $(R_S;\iota x_1,\dots,\iota x_{g(S)})$ in Γ'. Damit ist die Gültigkeit von $(S;\varphi p_1,\dots,\varphi p_{r(S)})$ in Γ' aus der Gültigkeit von $(S;p_1,\dots,p_{r(S)})$ in Γ hergeleitet.

<u>Korollar 2.8:</u> φ sei ein Geomorphismus von Γ auf Γ'.

(1) Gilt in Γ die allgemeine Rahmenaussage (R), dann gilt (R) auch in Γ'.

(2) Gilt in Γ die allgemeine Schliessungsaussage (S) und ist φ stark, dann gilt (S) auch in Γ'.

Aus Korollar 2.8 und Hilfssatz 2.2 erhält man, dass ein starker, surjektiver Geomorphismus die Gültigkeit des Axioms (V) bzw. (VII) überträgt. Das gleiche lässt sich entsprechend für die Axiome (VI), (IX), (X) und (VIII) (Hilfssatz 2.4 und Hilfssatz 5.1!) ableiten. Somit sind die Klassen von Geometrien, die durch die Tabelle auf Seite 14 definiert werden, bezüglich starker, surjektiver Geomorphismen abgeschlossen.

3. Affine Koordinatisierung

Die vorliegende Arbeit hat sich die Aufgabe gestellt, die Hüllenstrukturen der Kongruenzklassen von Algebren zu untersuchen. Wie schon im ersten Abschnitt erwähnt wurde, empfiehlt sich dafür eine geometrische Betrachtungsweise. Die notwendigen geometrischen Grundbegriffe für eine solche Betrachtungsweise wurden im zweiten Abschnitt zurecht gelegt. Dass die allgemeine, hüllentheoretische Definition einer Geometrie einen geeigneten Rahmen für die Untersuchungen dieser Arbeit darstellt, zeigt der folgende, für die Arbeit grundlegende Satz.

Satz 3.1: Für jede Algebra $\mathbf{A}$ ist die Hüllenstruktur $\Gamma(\mathbf{A})$ eine Geometrie.

Beweis: Da $\Gamma(\mathbf{A})$ eine Hüllenstruktur ist, genügt $\Gamma(\mathbf{A})$ dem Axiom (I). Die Gültigkeit des Axioms (II) ergibt sich daraus, dass die einelementigen Teilmengen von A die Klassen der identischen Kongruenzrelation sind. Axiom (III) gilt in $\Gamma(\mathbf{A})$ per definitionem. Sei nun X eine beliebige, nicht leere Teilmenge von A. Man zeigt leicht, dass die mengentheoretische Vereinigung $\Phi := \bigcup(\Theta(Y) \mid \emptyset \neq Y$ endliche Teilmenge von $X)$ eine Kongruenzrelation ist. Da aus $\emptyset \neq Y \subseteq X$ stets $\Theta(Y) \subseteq \Theta(X)$ folgt, ist $\Phi \subseteq \Theta(X)$. Andererseits ist X in einer Kongruenzklasse von Φ enthalten, so dass sogar $\Phi = \Theta(X)$ gilt. Daraus erhält man $[X] = \bigcup([Y] \mid Y$ endliche Teilmenge von $X)$, denn für jede nicht leere Teilmenge M von A ist $[M]$ Kongruenzklasse von $\Theta(M)$. Damit ist auch die Gültigkeit des Axioms (IV) nachgewiesen.

Der Satz 3.1 berechtigt dazu, für die Hüllenstruktur $\Gamma(\mathbf{A})$ die Bezeichnung Kongruenzklassengeometrie einzuführen. Für die Untersuchungen von Kongruenzklassengeometrien sind auf natürliche Weise zwei Richtungen vorgezeichnet; man kann nämlich den Satz 3.1 nicht nur als Ausgangspunkt einer "Allgemeinen Geometrischen Algebra" betrachten sondern auch als Ansatz, gewisse Geometrien zu koordinatisieren. Das klassische Beispiel für diese beiden Gesichtspunkte, umrissen durch die Begriffe Lineare Algebra und Analytische Geometrie, erhält man, wenn man als Algebren speziell Vektorräume nimmt; dabei ist ein Vektorraum als eine Algebra mit einer 2-stelligen Operation (Vektoraddition) und einer Menge von 1-stelligen Operationen (Skalarmultiplikationen) anzusehen. Die bekannte Spezialisierung von Satz 3.1 für Vektorräume soll ihrer zentralen Bedeutung wegen hier noch einmal bewiesen werden, wozu die Charakterisierung affiner Geometrien durch Schliessungsaussagen (Satz 2.6) herangezogen wird.

Satz 3.2: Für jeden Vektorraum $\mathbf{M}$ ist $\Gamma(\mathbf{M})$ eine deaarguessche, affine Geometrie.

Beweis: $\Gamma(\mathbf{M})$ ist nach Satz 3.1 eine Geometrie. Die Kongruenzklassen von $\mathbf{M}$ haben die Form $p + N$, wobei $p \in M$ und $\mathbf{N}$ ein Untervektorraum von $\mathbf{M}$ ist. Einen Parallelismus Π erhält man auf $\Gamma(\mathbf{M})$ folgendermassen: $(p + N_1)\Pi(q + N_2) :\longleftrightarrow N_1 = N_2$. Für $p_1,p_2,p_3,q_1 \in M$ und $q_2 := p_2 - p_1 + q_1$ sowie $q_3 := p_3 - p_1 + q_1$ rechnet man leicht die Gültigkeit des Kerns von (P_3) nach. Für $p_o,p_1,p_2,p_3,q_1 \in M$ mit $q_1 \in [p_o,p_1]$, was gleichbedeutend ist mit $q = p_o + k(p_o - p_1)$ für ein geeignetes $k \in K$ ($\mathbf{K}$ Körper zu $\mathbf{M}$), und $q_2 := p_o + k(p_o - p_2)$ sowie $q_3 := p_o + k(p_o - p_3)$ rechnet man leicht die Gültigkeit des Kerns von (Z_3) nach. Folglich ist $\Gamma(\mathbf{M})$ desarguessch. Wegen $[p,q] = p + K(p - q)$ gilt (A_2) in $\Gamma(\mathbf{M})$. Zum Nachweis von (PA_n) wähle man $q \in [p_o,\ldots,p_n]$. Dann ist $q = p_o + k_1(p_o - p_1) + k_2(p_1 - p_2)+\ldots+k_n(p_1 - p_n)$ für geeignete $k_i \in K$ $(1 \leq i \leq n)$. Mit $p_o + k_1(p_o - p_1)$ hat man einen Punkt, der sowohl in $[p_o,p_1]$ als auch in $\Pi(q|p_1,\ldots,p_n)$ liegt. Folglich gilt (PA_n) in $\Gamma(\mathbf{M})$. Aus Satz 2.6 erhält man damit, dass $\Gamma(\mathbf{M})$ auch affin ist.

Bekanntlich gilt von Satz 3.2 auch die Umkehrung, d.h. zu jeder desarguesschen, affinen Geometrie Γ gibt es einen Vektorraum M mit $\Gamma = \Gamma(\mathsf{M})$ (s. etwa BAER [4], S. 303 ff.). Von dem allgemeinen Satz 3.1 ist die Umkehrung jedoch nicht richtig; so wird z.B. im Verlauf dieses Abschnittes gezeigt, dass eine nicht diskrete, projektive Geometrie mit einem Rang grösser als 2 niemals Kongruenzklassengeometrie einer Algebra sein kann (Korollar 3.8). Da man Satz 3.1 als Verallgemeinerung des Satzes 3.2 auffassen kann, soll eine Geometrie Γ, zu der eine Algebra A mit $\Gamma = \Gamma(\mathsf{A})$ existiert, affin koordinatisierbar heissen; für $\Gamma = \Gamma(\mathsf{A})$ soll auch "A koordinatisiert affin Γ" gelesen werden. Eine Geometrie ist genau dann affin koordinatisierbar, wenn der Verband ihrer Teilräume gleich dem Verband der Kongruenzklassen (mit $\emptyset$) einer Algebra ist. Das Hauptziel dieses Abschnittes ist, die zentrale Frage zu lösen: Welche Geometrien sind affin koordinatisierbar? Die Antwort, die im folgenden auf diese Frage gegeben wird, kann man als eine Verallgemeinerung davon ansehen, wie ARTIN in [3] die Kongruenzklassengeometrien von zweidimensionalen Vektorräumen charakterisiert.

Zunächst gilt es, den Begriff der Dilatation (s. ARTIN [3], Definition 2.3) allgemein in einer Geometrie Γ mit schwachem (Geraden-) Parallelismus Π zu erklären: Eine Abbildung δ von Γ in sich heisse Π-Dilatation, wenn für Punkte p und q aus Γ stets $\delta q \in \Pi(\delta p | p, q)$ gilt; die Menge aller Π-Dilatationen von Γ werde mit $\hat{\Delta}(\Pi)$ bezeichnet, die Menge aller nicht konstanten Π-Dilatationen mit $\Delta(\Pi)$. Über die Π-Dilatationen sei für spätere Zwecke folgender Hilfssatz angemerkt:

<u>Hilfssatz 3.3:</u> Π sei ein schwacher (Geraden-) Parallelismus auf einer Geometrie Γ . Dann ist $\hat{\Delta}(\Pi)$ eine Halbgruppe bezüglich der Komposition.

Beweis: Sei $\gamma,\delta \in \hat{\Delta}(\Pi)$. Für beliebige Punkte p und q in Γ gilt definitionsgemäss $\delta q \in \Pi(\delta p|p,q)$ und $\gamma\delta q \in \Pi(\gamma\delta p|\delta p,\delta q)$. Aus der Bedingung (2) für einen schwachen (Geraden-) Parallelismus folgt sofort $\gamma\delta q \in \Pi(\gamma\delta p|p,q)$, als $\gamma\delta \in \hat{\Delta}(\Pi)$.

Auf der Kongruenzklassengeometrie einer Algebra $\mathbf{A}$ hat man einen "natürlichen" Kandidaten für einen schwachen Parallelismus, nämlich die folgendermassen definierte Relation $\Pi^{\mathbf{A}}$:

$$R\Pi^{\mathbf{A}}S \;:\Longleftrightarrow\; S \text{ ist Kongruenzklasse von } \Theta(R) \qquad (R,S \in \mathfrak{L}(\Gamma(\mathbf{A}))) .$$

Der folgende Hilfssatz, in dem $\Pi^{\mathbf{A}}$ als schwacher Parallelismus nachgewiesen wird, macht deutlich, warum der Begriff der Dilatation für Kongruenzklassengeometrien wichtig ist.

<u>Hilfssatz 3.4:</u> Für eine Algebra $\mathbf{A}$ ist $\Pi^{\mathbf{A}}$ ein schwacher Parallelismus auf $\Gamma(\mathbf{A})$, und die Π -Dilatationen sind genau die 1-stelligen, zulässigen Operationen von $\mathbf{A}$.

Beweis: Ein R aus $\mathfrak{L}(\Gamma(\mathbf{A}))$ ist natürlich Kongruenzklasse von $\Theta(R)$, weshalb $\Pi^{\mathbf{A}}$ der Bedingung (1) genügt. Es gelte $R\Pi^{\mathbf{A}}S$, $S \supseteq T$ und $T\Pi^{\mathbf{A}}U$ mit $R,S,T,U \in \mathfrak{L}(\Gamma(\mathbf{A}))$. Dann ist $\Theta(R) \supseteq \Theta(S) \supseteq \Theta(T)$. Die Kongruenzklasse U von $\Theta(T)$ liegt somit in einer Kongruenzklasse V von $\Theta(R)$, also $U \subseteq V$ und $R\Pi^{\mathbf{A}}V$. Damit ist die Bedingung (2) für $\Pi^{\mathbf{A}}$ nachgewiesen. Sei nun $R\Pi^{\mathbf{A}}S$ und $p \in S$ mit $R,S \in \mathfrak{L}(\Gamma(\mathbf{A}))$. Die Kongruenzklasse S von $\Theta(R)$ ist wegen $\Theta(p,R) \supseteq \Theta(R)$ in einer Kongruenzklasse von $\Theta(p,R)$ enthalten. Da $[p,R]$ Kongruenzklasse von $\Theta(p,R)$ ist und $p \in S$ liegt, folgt $S \subseteq [p,R]$, womit auch die Bedingung

(3) für Π^A gezeigt ist. Bedingung (4) ist eine unmittelbare Folge davon, dass jede Kongruenzrelation eine Klasseneinteilung beschreibt. Π^A ist somit ein schwacher Parallelismus auf $\Gamma(A)$. Sei nun Φ eine Kongruenzrelation von A und $(p,q)\varepsilon\Phi$; ferner sei $\delta\varepsilon\hat{\Delta}(\Pi^A)$. Aus $\delta q\varepsilon\Pi^A(\delta p|p,q)$ folgt $(\delta p,\delta q)\varepsilon\Theta(p,q)\subseteq\Phi$, womit schon δ als eine zulässige Operation nachgewiesen ist. Sei umgekehrt $\bar{f}$ eine 1-stellige, zulässige Operation von A. Für $p,q\varepsilon A$ gilt dann $(\bar{f}(p),\bar{f}(q))\varepsilon\Theta(p,q)$, was gleichbedeutend mit $\bar{f}(q)\varepsilon\Pi^A(\bar{f}(p)|p,q)$ ist. Folglich ist $\bar{f}$ eine Π^A-Dilatation.

Man hat nun die Mittel an der Hand, mit dem Hauptsatz der "affinen Koordinatisierung" die Hüllenstrukturen der Kongruenzklassen einer Algebra geometrisch zu charakterisieren (Diese Charakterisierung wurde schon in WILLE [33] ohne Beweis angegeben).

Satz 3.5: Für eine Geometrie Γ sind folgende Bedingungen äquivalent:

(a) Γ ist affin koordinatisierbar.

(b) Γ genügt dem Axiom (VI) und besitzt einen schwachen Parallelismus Π, so dass aus $p\varepsilon[q,r,s]$ stets $p\equiv q(\mathrm{mod}\{q,r,s\};\Delta(\Pi))$ folgt.

(c) Γ genügt dem Axiom (VI) und besitzt einen schwachen Geradenparallelismus Π, so dass aus $p\varepsilon[q,r,s]$ stets $p\equiv q(\mathrm{mod}\{q,r,s\};\Delta(\Pi))$ folgt.

Beweis: (a) $\longrightarrow$ (b) : Sei $\Gamma=\Gamma(A)$ für eine Algebra A. Ferner sei M eine Teilmenge von A, für die aus $p,q,r\varepsilon M$ stets $[p,q,r]\subseteq M$ folgt. Gilt $M\cap\bar{f}(M)\neq\emptyset$ für eine 1-stellige, algebraische Funktion $\bar{f}$ von A, so hat man ein $p\varepsilon M$ mit $\bar{f}(p)\varepsilon M$. Für ein beliebiges $q\varepsilon M$ ist somit $\bar{f}(q)\varepsilon[p,q,\bar{f}(p)]\subseteq M$, also $\bar{f}(M)\subseteq M$. Aus Satz 1.6 erhält man deshalb $[M]=M$. Γ genügt deshalb dem Axiom (VI). Nach Hilfssatz 3.4 besitzt $\Gamma(A)$ den schwachen Parallelismus Π^A. Da die 1-stelligen, algebraischen Funktionen von A nach

Hilfssatz 1.1 und Hilfssatz 3.4 Π^A-Dilatationen in $\Gamma(A)$ sind, folgt wegen Satz 1.6 aus $p \in [q,r,s]$ stets $p \equiv q(\mathrm{mod}\{q,r,s\};\Delta(\Pi^A))$. (b) $\Longrightarrow$ (c) : (c) ergibt sich unmittelbar aus (b), da für einen schwachen Parallelismus Π jede Π-Dilatation auch $\underline{\Pi}$-Dilatation ist ($\underline{\Pi}$ schwacher Geradenparallelismus!) (c) $\Longrightarrow$ (a) : Auf der Punktmenge G von Γ soll $\Delta(\Pi)$ als eine Menge von 1-stelligen Operationen betrachtet werden. Von der so gebildeten Algebra $(G;\Delta(\Pi))$ wird gezeigt, dass sie Γ affin koordinatisiert. Sei M eine Kongruenzklasse von $(G;\Delta(\Pi))$. Sei ferner $q,r,s \in M$. Für einen Punkt p aus dem Erzeugnis von $\{q,r,s\}$ in Γ gilt nach Voraussetzung $p \equiv q(\mathrm{mod}\{q,r,s\};\Delta(\Pi))$. Da $\Delta(\Pi)$ gerade die Menge der Operationen von $(G;\Delta(\Pi))$ ist, folgt somit $p \in M$. Wegen Axiom (VI) ist die Kongruenzklasse M daher Teilraum von Γ. Sei nun umgekehrt R ein Teilraum von Γ. Für $p \in G$ setze

$$R(p) := \{q \in G \mid \text{Es gibt } p_o,\dots,p_n \in R \text{ und } q_o,\dots,q_n \in G \text{ mit } p = q_o,\ q = q_n \text{ und } q_i \in \Pi(q_{i-1}|p_{i-1},p_i)\ (1 \le i \le n)\}\ .$$

Aus $R(p) \cap R(p') \neq \emptyset$ folgt $R(p) = R(p')$. Die Punktmengen $R(p)$ $(p \in G)$ bilden somit eine Klasseneinteilung L von G. Für $p \in R$ erhält man $R \subseteq R(p)$ aus der Reflexivität von Π. Da nach Bedingung (3) $\Pi(q_{i-1}|p_{i-1},p_i) \subseteq [q_{i-1},p_{i-1},p_i]$ ist, gilt auch $R \supseteq R(p)$, also $R = R(p)$. R ist demnach eine Klasse von L. Gilt $q \in R(p)$ für ein beliebiges $p \in G$, so existieren $p_o,\dots,p_n \in R$ und $q_o,\dots,q_n \in G$ mit $p = q_o$, $q = q_n$ und $q_i \in \Pi(q_{i-1}|p_{i-1},p_i)$ $(1 \le i \le n)$. Für ein $\delta \in \Delta(\Pi)$ bekommt man dann aus $\delta q_i \in \Pi(\delta q_{i-1}|q_{i-1},q_i)$ und der Bedingung (2) $\delta q_i \in \Pi(\delta q_{i-1}|p_{i-1},p_i)$ $(1 \le i \le n)$, was $\delta q \in R(\delta p)$ ergibt. Damit folgt, dass L die Klasseneinteilung einer Kongruenzrelation von $(G;\Delta(\Pi))$ ist. Demnach ist der Teilraum R eine Kongruenzklasse. Es gilt somit $\Gamma = \Gamma((G;\Delta(\Pi)))$.

Erfüllt eine Geometrie Γ mit einem schwachen (Geraden-) Parallelismus Π die Bedingung 3.5(b) (Bedingung 3.5(c)), dann soll gesagt werden, dass <u>Γ bzgl. Π affin koordinatisierbar</u> ist. Dass eine Geometrie durchaus bezüglich verschiedener schwacher Parallelismen affin koordinatisierbar sein kann, soll an einem Beispiel veranschaulicht werden.

<u>Beispiel 3.6:</u> Die nebenstehende Figur ist ein Modell der kleinsten affinen Ebene E_2 . Durch $[p,q]\Pi[r,s]$, $[r,s]\Pi[p,q]$, $[p,r]\Pi[q,s]$, $[q,s]\Pi[p,r]$, $[p,s]\Pi[q]$, $[p,s]\Pi[r]$, $[q,r]\Pi[p]$ und $[q,r]\Pi[s]$ wird ein schwacher Parallelismus Π auf E_2 beschrieben. $\Delta(\Pi)$ enthält nur die Identität und die Abbildung, die p mit s und q mit r vertauscht. Es lässt sich leicht zeigen, dass E_2 bzgl. Π affin koordinatisiert ist. Permutiert man die Punkte, so erhält man zwei weitere Parallelismen, bzgl. derer E_2 affin koordinatisierbar ist. Da das Gleiche bekanntlich auch für den "natürlichen" Parallelismus auf E_2 gilt, ist E_2 bzgl. vier schwacher Parallelismen affin koordinatisierbar.

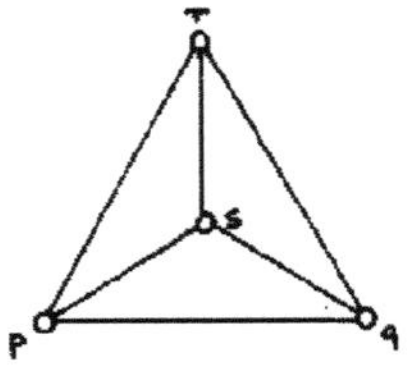

Für projektive Geometrien kann man zeigen, dass sie überhaupt nur einen schwachen Parallelismus besitzen. Dieses Resultat wird dazu benutzt, den Charakterisierungssatz der projektiven Kongruenzklassengeometrien zu beweisen.

<u>Satz 3.7:</u> Für eine Algebra $\mathbf{A}$ sind folgende Bedingungen äquivalent:

(a) $\Gamma(\mathbf{A})$ ist projektiv.

(b) $\Gamma(\mathbf{A})$ ist diskret oder $\Gamma(\mathbf{A})$ ist projektiv und hat den Rang 2 .

(c) $\Delta(\Pi^{\mathbf{A}})$ enthält nur die Identität oder $\mathbf{A}$ ist einfach.

Beweis: (a)$\Longrightarrow$(c) : Π sei ein schwacher Parallelismus auf einer projektiven Geometrie Γ . Weiterhin sei $q \in \Pi(p|X)$ mit $p \neq q$. Wegen $q \in [p,X]$ und Axiom (IX) existiert ein $r \in [X]$ mit $q \in [p,r]$, also $r \in [p,q]$ nach Axiom (V) und daher $\Pi(p|X) \cap [X] \neq \emptyset$, was $\Pi(p|X) = [X]$ nach sich zieht. Π kann somit nur der triviale schwache Parallelismus sein, der auf Seite 14 beschrieben worden ist. Sei nun $\Gamma(\mathbf{A})$ projektiv für eine nicht einfache Algebra $\mathbf{A}$. Ist δ eine nicht identische $\Pi^{\mathbf{A}}$-Dilatation in $\Gamma(\mathbf{A})$, dann gibt es ein $p \in A$ mit $\delta p \neq p$. Da $\mathbf{A}$ nicht einfach ist und Axiom (V) in $\Gamma(\mathbf{A})$ gilt, existiert ein Punkt $q \notin [p,\delta p]$. Wegen $\delta p \neq p$ ist $\delta p \notin [p,q]$. Folglich muss $\delta q = \delta p$ gelten, denn $\Pi^{\mathbf{A}}(\delta p|p,q)$ besteht nach dem Vorangehenden nur aus einem Punkt. Entsprechend erhält man für einen beliebigen Punkt $r \neq \delta p$, dass $\delta r = \delta p$ ist. Wegen $\delta\delta p \in [p,\delta p] \cap [q,\delta p] = [\delta p]$, ist auch $\delta\delta p = \delta p$. Die $\Pi^{\mathbf{A}}$-Dilatation δ ist somit konstant, d.h. $\Delta(\Pi^{\mathbf{A}})$ enthält nur die Identität. (c)$\Longrightarrow$(b) : Enthält $\Delta(\Pi^{\mathbf{A}})$ nur die Identität, dann ist die Identität nach Hilfssatz 3.4 die einzige nicht konstante 1-stellige, zulässige Operation von $\mathbf{A}$. Nach Hilfssatz 1.1 und Satz 1.6 ist somit jede nicht leere Teilmenge von A Kongruenzklasse, d.h. $\Gamma(\mathbf{A})$ ist diskret. Ist $\mathbf{A}$ einfach und $\Gamma(\mathbf{A})$ nicht diskret, dann ist $\Gamma(\mathbf{A})$ projektiv und hat den Rang 2 . (b)$\Longrightarrow$(a) ist trivial.

<u>Korollar 3.8:</u> Eine projektive Geometrie Γ ist genau dann affin koordinatisierbar, wenn Γ diskret oder Γ den Rang 2 hat.

Verbandstheoretisch liest sich das Korollar 3.8 folgendermassen (man ziehe dazu die im zweiten Abschnitt angegebenen verbandstheoretischen Charakterisierungen der projektiven und diskreten Geometrie heran):

<u>Korollar 3.9:</u> Für eine nicht einfache Algebra ist der Verband aller Kongruenzklassen (mit $\emptyset$) genau dann modular, wenn er distributiv ist.

<u>Beispiel 3.10:</u> Dass für den Beweis von Satz 3.7 das Austauschaxiom unentbehrlich ist, soll mit einem Beispiel belegt werden. Sei K ein kommutativer Körper. Dann ist das direkte Produkt $\mathsf{K}\times\mathsf{K}$ ein nicht einfacher, kommutativer Ring. Die nicht trivialen Teilräume von $\Gamma(\mathsf{K}\times\mathsf{K})$ haben die Form $\{(a,x)|x\in K\}$ oder $\{(x,a)|x\in K\}$ mit jeweils $a\in K$. Sei nun $(p_1,p_2)\in[(q_1,q_2),\{(a,x)|x\in K\}]$ mit $(q_1,q_2)\notin\{(a,x)|x\in K\}$. Dann ist $q_1\neq a$. Für $b\neq q_2$ ist somit $[(q_1,q_2),(a,b)]=K\times K$, also $(p_1,p_2)\in[(q_1,q_2),(a,b)]$.
$\Gamma(\mathsf{K}\times\mathsf{K})$ genügt demnach dem Axiom (IX); aber $\mathsf{K}\times\mathsf{K}$ erfüllt nicht die Bedingung 3.7(c).

Bei der affinen Koordinatisierung ordnet man einer Algebra $\mathbf{A}$ die Geometrie $\Gamma(\mathbf{A})$ zu, d.h. man hat mit $\mathbf{A}\longmapsto\Gamma(\mathbf{A})$ eine Funktion von der Klasse aller Algebren in die Klasse aller Geometrien. Dass diese Funktion sogar ein Funktor von der Kategorie aller Algebren mit allen Homomorphismen in die Kategorie aller Geometrien mit allen Geomorphismen ist, sieht man an dem folgenden Satz:

<u>Satz 3.11:</u> Ist φ ein Homomorphismus von einer Algebra $\mathbf{A}$ in eine Algebra $\mathbf{B}$, dann ist φ auch ein Geomorphismus von $\Gamma(\mathbf{A})$ in $\Gamma(\mathbf{B})$ (bezüglich der schwachen Parallelismen $\Pi^{\mathbf{A}}$ und $\Pi^{\mathbf{B}}$) .

Beweis: Es muss gezeigt werden, dass für $p\in A$ und $M\subseteq A$ stets $\varphi\Pi^{\mathbf{A}}(p|M)\subseteq\Pi^{\mathbf{B}}(\varphi p|\varphi M)$ gilt. Sei π der kanonische Epimorphismus von $\mathbf{B}$ auf $\mathbf{B}/\Theta(\varphi M)$; bezeichne ferner $\Theta_{\pi\varphi}$ die Kongruenzrelation von $\mathbf{A}$, die durch den Homomorphismus $\pi\varphi$ auf $\mathbf{A}$ induziert wird. Wegen $|\pi\varphi M|=1$ ist $\Theta(M)\subseteq\Theta_{\pi\varphi}$. Daher folgt aus $(p,q)\in\Theta(M)$ stets $\pi\varphi p=\pi\varphi q$, was gleichbedeutend mit $(\varphi p,\varphi q)\in\Theta(\varphi M)$ ist. Hat man also $q \in \Pi^{\mathbf{A}}(p|M)$, dann ist $\varphi q \in \Pi^{\mathbf{B}}(\varphi p|\varphi M)$. Damit ist $\varphi\Pi^{\mathbf{A}}(p|M) \subseteq \Pi^{\mathbf{B}}(\varphi p|\varphi M)$ nachgewiesen, d.h. φ ist ein Geomorphismus. von $\Gamma(\mathbf{A})$ in $\Gamma(\mathbf{B})$.

4. Geometrien mit eindeutigen Verbindungsgeraden

Die Frage, wieweit sich bei speziellen Geometrien die Bedingungen für die affine Koordinatisierbarkeit verschärfen lassen, ist bisher nur bei projektiven Geometrien und diskreten Geometrien untersucht worden (Korollar 3.8). In diesem Abschnitt soll dieser Frage bei Geometrien mit eindeutigen Verbindungsgeraden nachgegangen werden. Es wird sicherlich überraschen, welche weitreichenden Konsequenzen das Axiom (A_2) für Kongruenzklassengeometrien hat. Wie folgenschwer das Axiom (A_2) sein kann, verdeutlicht besonders gut der folgende Satz:

Satz 4.1: Für eine Gruppe Σ sind folgende Bedingungen äquivalent:

(a) Σ ist einfach oder elementar abelsch.

(b) $\Gamma(\Sigma)$ genügt (A_2) .

(c) $\Gamma(\Sigma)$ ist eine desarguessche, affine Geometrie.

Beweis: (a) $\Longrightarrow$ (c) : Ist die Gruppe Σ einfach, so besteht $\Gamma(\Sigma)$ entweder aus genau einer Geraden oder aus genau einem Punkt. Dann ist aber $\Gamma(\Sigma)$ trivialerweise eine desarguessche, affine Geometrie. Sei nun Σ (mit $|\Sigma|>1$) eine elementar abelsche Gruppe; d.h. es gibt eine Primzahl p , so dass $pg = 0$ für alle g aus Σ gilt. Ordnet man jedem Element von Σ seine n-fache Summe zu, so erhält man eine algebraische Operation $\bar{f}_n$ von Σ ; dabei sind $\bar{f}_m$ und $\bar{f}_n$ genau dann gleiche Abbildungen, wenn $m \equiv n (\mathrm{mod}\, p)$ ist. Σ ist somit die abelsche Gruppe eines Vektorraumes $\bar{\Sigma}$ über dem Primkörper der Charakteristik p . Wegen Hilfssatz 1.1 gilt insbesondere $\Gamma(\Sigma) = \Gamma(\bar{\Sigma})$. Nach Satz 3.2 ist daher $\Gamma(\Sigma)$ eine desarguessche, affine Geometrie. (c) $\Longrightarrow$ (b) : Jede affine Geometrie genügt (A_2) per definitionem. (b) $\Longrightarrow$ (a) : Σ sei eine nicht einfache Gruppe, so dass (A_2) in $\Gamma(\Sigma)$ gilt. Zunächst soll gezeigt werden, dass Σ abelsch ist (vgl. KONTOROWITSCH [17]). Seien g und h beliebige Elemente aus Σ . Ist $g \notin [0,h]$, so hat man wegen (A_2) $[0,g] \cap [0,h] = \{0\}$. Folglich ist $[0,g,h]$ die direkte Summe der Normalteiler $[0,g]$ und $[0,h]$, weshalb $g + h = h + g$ gilt. Ist $g \in [0,h]$, dann wähle man ein Element $k \notin [0,h]$, was wegen (A_2) und der Nicht-Einfachheit von Σ möglich ist. Nutzt man die schon bewiesene Tatsache aus, dass jedes Element ausserhalb von $[0,h]$ mit jedem Element in $[0,h]$ kommutiert, so erhält man

$$g + h + k = g + k + h = k + h + g = h + g + k$$

und damit $g + h = h + g$. Da also Σ abelsch ist, muss $[0,g]$ für jedes Element $g \neq 0$ eine zyklische Untergruppe von Primzahlordnung sein. Daraus folgt, dass Σ elementar abelsch ist.

Ist eine Geometrie Γ affin, dann ist $\mathfrak{D}(\Gamma)$ halbmodular; ist $\mathfrak{D}(\Gamma)$ halbmodular, dann gilt (A_2) in der Geometrie Γ . Deshalb erhält man mit Satz 4.1, dass der Verband der Kongruenzklassen einer Gruppe Σ genau dann halbmodular ist, wenn Σ einfach oder elementar abelsch ist. Satz 4.1 löst somit Problem 60 in BIRKHOFF [5] (s. WILLE [35]).

Will man die Bedingungen für die affine Koordinatisierbarkeit bei Geometrien mit eindeutigen Verbindungsgeraden verschärfen, ist es notwendig zu untersuchen, welche Auswirkungen das Axiom (A_2) auf die Dilatationen einer affin koordinatisierbaren Geometrie hat. Um Wiederholungen zu vermeiden, soll für das weitere folgendes vorausgesetzt werden:

<u>Voraussetzung:</u> Γ sei eine Geometrie mit folgenden Eigenschaften:

(1) Γ genügt (A_2) .

(2) Γ hat einen Rang grösser als 2 .

(3) Γ ist affin koordinatisierbar bzgl. des schwachen Parallelismus Π .

Hilfssatz 4.2: Für Punkte $p \neq q$ in Γ und $\delta \in \mathring{\Delta}(\Pi)$ gilt:

(1) δ ist genau dann die Identität, wenn $\delta p = p$ und $\delta q = q$ ist.

(2) δ ist konstant, wenn $\delta p = p = \delta q$ ist.

Beweis: Sei $\delta p = p$ und $\delta q = q$. Für $r \notin [p,q]$ gilt $\delta r \in [p,r]$ und $\delta r \in [q,r]$ und damit $\delta r = r$ wegen (A_2). Für $s \in [p,q]$ mit $s \neq p$ kann der gleiche Schluss gemacht werden, wenn man q durch ein $r \notin [p,q]$ ersetzt; es gilt also $\delta s = s$. Folglich ist δ die Identität. Sei nun $\delta p = p = \delta q$. Für $r \notin [p,q]$ gilt $\delta r \in [p,r]$, und es gibt einen Teilraum R mit $p, \delta r \in R$ und $[q,r] \Pi R$. Wäre $p \neq \delta r$, dann wäre $r \in [p,\delta r] \subseteq R$, also $R = [q,r]$ und damit $r \in [p,q]$, was der Voraussetzung über r widerspricht. Es gilt also $\delta r = p$. Für $s \in [p,q]$ mit $s \neq p$ kann der gleiche Schluss gemacht werden, wenn man q durch ein $r \notin [p,q]$ ersetzt. Man hat deshalb wieder $\delta s = p$. Folglich ist δ konstant. Es sei bemerkt, dass beim Beweis von Hilfssatz 4.2 Bedingung (3) der Voraussetzung nicht benutzt worden ist.

Hilfssatz 4.3: Jede nicht konstante Π-Dilatation ist eineindeutig.

Beweis: Man nehme an, dass für eine nicht konstante Π-Dilatation δ und Punkte $p \neq q$ $\delta p = \delta q$ ist. Nach Hilfssatz 4.2 (2) muss dann

$$p \neq \delta p \neq \delta^2 p = \delta^2 q \neq \delta q \neq q$$

sein. Aus $\delta^2 p = p$ würde $\delta^2 \delta p = \delta p$ und $\delta^2 = 1$ nach Hilfssatz 4.2 (1) folgen, was $\delta^2 p = \delta^2 q$ widerspricht. Demnach gilt auch $\delta^2 p \neq p$. Wegen $p \in [\delta p, \delta^2 p]$ und $p \notin \{\delta p, \delta^2 p\}$ gibt es nach Satz 3.5 ein $\gamma \in \Delta(\Pi)$ mit $p \in \{\gamma\delta p, \gamma\delta^2 p\}$ und $\gamma\delta p \neq \gamma\delta^2 p$. Da die Π-Dilatation $\gamma\delta$ nicht konstant ist, muss nach Hilfssatz 4.2 (2) $\gamma\delta q = \gamma\delta p \neq p$ sein. Folglich ist $\gamma\delta^2 p = p$. Dann ist auch $\gamma\delta^2 q = p$. Wegen $p \neq q$ gilt nach Hilfssatz 4.2 (2) $\gamma\delta^2 r = p$ für alle Punkte r aus Γ . Aus $\gamma\delta^2 p = p$ und $\gamma\delta^2\delta p = p$ folgt $\delta\gamma\delta\delta p = \delta p$ und $\delta\gamma\delta\delta^2 p = \delta p$. Wegen $\delta p \neq \delta^2 p$ gilt wieder nach Hilfssatz 4.2 (2) $\delta\gamma\delta r = \delta p$ für alle Punkte r aus Γ . Insbesondere gilt $\delta\gamma\delta p = \delta p$, also $\gamma\delta\gamma\delta p = \gamma\delta p$. Wegen $\gamma\delta p \neq p$ ist deshalb $\gamma\delta$ konstant. Damit ist nun endgültig ein Widerspruch erreicht, denn über γ wurde vorausgesetzt, dass $\gamma\delta p \neq \gamma\delta\delta p$ ist.

Beispiel 4.4: In NEUMANN [23] ist eine offene, konvexe Teilmenge $K(\neq\emptyset)$ eines reellen affinen Raumes derart algebraisiert worden, dass die Kongruenzklassen der angegebenen Algebra K gerade die Durchschnitte von Teilräumen des reellen affinen Raumes mit K sind und Π^K von dem Parallelismus des reellen affinen Raumes induziert wird. Mit $\Gamma(K)$ hat man demnach eine affin koordinatisierbare Geometrie, die (A_2) genügt. Ist K eine echte Teilmenge und $p \in K$, dann wird durch $\delta x := \alpha x + (1 - \alpha)p$ mit $0<\alpha<1$ eine eineindeutige Π -Dilatation von $\Gamma(K)$ definiert, die nicht surjektiv ist. In einer affin koordinatisierbaren Geometrie mit eindeutigen Verbindungsgeraden und Rang grösser als 2 ist somit eine nicht konstante Dilatation im allgemeinen nicht surjektiv. Für dieses Resultat braucht man von den Ergebnissen in NEUMANN [23] nur, dass die Geometrie Γ^K , die auf K von der reellen affinen Geometrie induziert wird, bezüglich des induzierten Geradenparallelismus $\|^K$ affin koordinatisierbar ist. Das lässt sich auch leicht mit Hilfe von Satz 3.5 nachweisen: Da reelle affine Geometrien der Bedingung (1) von Satz 3.5 genügen, ist diese Bedingung auch in Γ^K erfüllt. Sei nun $p \in [q,r,s]$. Zunächst nehme man an, dass $[q,r,s]$ eine Gerade ist; dann kann o.B.d.A. $[q,r] = [q,r,s]$ vorausgestzt werden.

1. Fall: p liegt zwischen q und r. Dann gibt es eine reelle Zahl α mit $p - r = \alpha(q - r)$. Definiert man $\delta x := \alpha x + (1 - \alpha)r$, so erhält man eine $\|^K$-Dilatation δ von Γ^K mit $\delta r = r$ und $\delta q = p$.

Daher ist $p \equiv q(\mathrm{mod}\{q,r\};\hat{\Delta}(\|^K))$.

2. Fall: r liegt zwischen p und q . Wähle $t \varepsilon [q,r]$ derart, dass p echt zwischen q und t liegt. Dann gibt es eine reelle Zahl α' mit $r - t = \alpha'(q - t)$ und $0<\alpha'<1$. Definiert man $\delta'x := \alpha'x + (1 - \alpha')t$, so erhält man eine $\|^K$-Dilatation δ' von Γ^K mit $\delta't = t$ und $\delta'q = r$. Es existiert nun eine natürliche Zahl n , so dass p zwischen $\delta^{2^n}q$ und $\delta^{2^{n+1}}q$ liegt. Wie im 1. Fall gezeigt wurde, ist somit $p \equiv \delta^{2^n}q(\mathrm{mod}\{\delta^{2^n}q,\delta^{2n+1}q\};\hat{\Delta}(\|^K))$. Da weiterhin $\delta^{2n}q \equiv q(\mathrm{mod}\{q,r\};\hat{\Delta}(\|^K))$ für alle natürlichen Zahlen m gilt, ist nach Hilfssatz 1.3 $p \equiv q(\mathrm{mod}\{q,r\};\hat{\Delta}(\|^K))$.

Den Fall, dass q zwischen p und r liegt, behandelt man analog zum 2. Fall. Damit hat man stets $p \equiv q(\mathrm{mod}\{q,r\};\hat{\Delta}(\|^K))$, also erst recht $p \equiv q(\mathrm{mod}\{q,r,s\};\hat{\Delta}(\|^K))$. Nun werde vorausgesetzt, dass $[q,r,s]$ eine Ebene ist. Dann gibt es o.B.d.A. einen Punkt $t \varepsilon [q,r]$ mit $p \varepsilon [s,t]$. Wie schon gezeigt wurde, hat man damit $t \equiv q(\mathrm{mod}\{q,r\};\hat{\Delta}(\|^K))$ und $p \equiv s(\mathrm{mod}\{s,t\};\hat{\Delta}(\|^K))$. Nach Hilfssatz 1.3 folgt daraus $p \equiv q(\mathrm{mod}\{q,r,s\};\hat{\Delta}(\|^K))$. Somit ist auch die Bedingung (2) von Satz 3.5 in Γ^K ist also bzgl. $\|^K$ affin koordinatisierbar.

Wie Beispiel 4.4 zeigt, braucht in Γ eine eineindeutige Π-Dilatation δ nicht umkehrbar zu sein. Es gilt jedoch, dass δ bezüglich eines Punktes umkehrbar ist, was im weiteren oft ausgenutzt wird.

Hilfssatz 4.5: Zu einem Punkt p in Γ und einem $\delta \varepsilon \Delta(\Pi)$ gibt es ein $\gamma \varepsilon \Delta(\Pi)$ mit $\gamma\delta p = p$.

Beweis: Ist $\delta^2 p = p$, wähle $\gamma := \delta$. Ist $\delta^2 p \neq p$, dann ist $p \neq \delta p \neq \delta^2 p$. Wegen $p \varepsilon [\delta p, \delta^2 p]$ gibt es nach Satz 3.5 ein $\gamma \varepsilon \Delta(\Pi)$, so dass $\gamma\delta p = p$ oder $\gamma\delta\delta p = p$ gilt. Da wegen Hilfssatz 4.3 auch $\gamma\delta$ in $\Delta(\Pi)$ liegt, ist Hilfssatz 4.5 damit bewiesen.

<u>Hilfssatz 4.6:</u> Gilt für $p \neq q$ sowie $\gamma,\delta \in \hat{\Delta}(\Pi)$ $\gamma p = \delta p$ und $\gamma q = \delta q$, dann ist $\gamma = \delta$.

Beweis: Gilt $\gamma p = \delta p = \delta q = \gamma q$, dann sind nach Hilfssatz 4.3 γ und δ konstant, woraus $\gamma = \delta$ folgt. Sei nun $\gamma p \neq \gamma q$.

<u>1. Fall:</u> $\gamma p = p = \delta p$. Für $r \notin [p,q]$ gilt $\gamma r, \delta r \in [p,r]$. Angenommen $\gamma r \neq \delta r$. Wegen (A_2) folgt dann $p,r \in [\gamma r,\delta r]$. Bezeichnet R den Teilraum von Γ mit $[q,r] \Pi R$ und $\gamma q = \delta q \in R$, so gilt $\gamma r, \delta r \in R$ und damit $r \in R$. Dann ist aber $[q,r] = R$, insbesondere also $p \in [q,r]$, was wegen (A_2) und $p \neq q$ der Voraussetzung $r \notin [p,q]$ widerspricht. Somit ist $\gamma r = \delta r$. Für $s \in [p,q]$ mit $s \neq p$ kann der gleiche Schluss gemacht werden, wenn man q durch ein $r \notin [p,q]$ ersetzt. Demnach gilt $\gamma = \delta$.

<u>2. Fall:</u> $\gamma p = \delta p \neq p$. Nach Hilfssatz 4.5 gibt es ein $\beta \in \Delta(\Pi)$ mit $\beta\gamma p = \beta\delta p = p$. Da $\beta\gamma q = \beta\delta q$ und wegen Hilfssatz 4.3 $\beta\gamma, \beta\delta \in \Delta(\Pi)$ ist, folgt nach dem 1. Fall $\beta\gamma = \beta\delta$. Das zieht $\gamma = \delta$ nach sich, weill β nach Hilfssatz 4.3 eineindeutig ist.

Die Hilfssätze 4.2, 4.3 und 4.6 stehen in Analogie zu Theorem II. 2.3 in ARTIN [3]; in Γ fehlt nur, dass die nicht konstanten Π-Dilatationen surjektiv sind (wie mit Beispiel 4.4 gezeigt wurde). Es sei erwähnt, dass das Beispiel 4.4 auch zu anderen Resultaten des Abschnittes II.2 in ARTIN [3] Gegenbeispiele liefert. So liegt eine nicht identische <u>Translation</u> - das ist eine Dilatation ohne Fixpunkt - noch nicht durch das Bild eines Punktes fest (vgl. Theorem II.2.5): in Γ^K mit $K := \{(\alpha,\beta) | \alpha > 0\}$ werden z.B. durch $\gamma x := 2x$ und $\delta x := x + (1,0)$ Translationen γ und δ mit $\gamma(1,0) = \delta(1,0)$ definiert; da für die Translationen γ^{-1} und δ zudem $\gamma^{-1}\delta(1,0) = (1,0)$ ist, ist im allgemeinen die Komposition zweier Translationen von Γ^K nicht wieder eine Translation (vgl. Theorem II.2.6). Was von Theorem

II.2.6 noch in Γ gilt, sagt der folgende Satz aus:

Satz 4.7: $\Delta(\Pi)$ ist eine kürzbare Halbgruppe bzgl. der Komposition.

Beweis: Zunächst sei noch einmal erwähnt, dass wegen Hilfssatz 4.3 die Komposition zweier nicht konstanter Π-Dilatationen wieder nicht konstant ist. Daher ist $\Delta(\Pi)$ eine Halbgruppe bzgl. der Komposition. Für $\beta,\gamma,\delta \varepsilon \Delta(\Pi)$ folgt aus $\beta\gamma = \beta\delta$ wiederum nach Hilfssatz 4.3 $\gamma = \delta$, d.h. $\Delta(\Pi)$ ist linkskürzbar. Gilt $\gamma\beta = \delta\beta$, so ist für $p \neq q$ natürlich $\gamma\beta p = \delta\beta p$ und $\gamma\beta q = \delta\beta q$. Da nach Hilfssatz 4.3 $\beta p \neq \beta q$ ist, folgt nach Hilfssatz 4.6 $\gamma = \delta$. $\Delta(\Pi)$ ist somit auch rechtskürzbar.

Eine nicht konstante Π-Dilatation δ von Γ braucht zwar nicht surjektiv zu sein, doch man kann zeigen, dass das Bild von δ ganz Γ erzeugt. Allgemeiner lässt sich über δ beweisen, dass für jeden Teilraum R stets $R\Pi[\delta R]$ gilt. Dieses Resultat wird später zu Aussagen über den schwachen Parallelismus Π ausgenutzt.

Hilfssatz 4.8: Ist R ein Teilraum von Γ und $\delta p = p \varepsilon R$ für $\delta \varepsilon \Delta(\Pi)$, dann ist $R = [\delta R]$.

Beweis: Wegen $\delta p \varepsilon R$ ist $\delta R \subseteq R$. Sei nun $q \varepsilon R$ mit $p \neq q$. Nach Hilfssatz 4.3 ist $\delta p \neq \delta q$. Aus $\delta p = p$ und $\delta q \varepsilon [p,q]$ folgt somit nach (A_2) $q \varepsilon [\delta p,\delta q]$, also $q \varepsilon [\delta R]$. Es gilt demnach $R \subseteq [\delta R]$ und damit $R = [\delta R]$.

Hilfssatz 4.9: $\mathbf{A}$ sei eine nicht einfache Algebra, und $\Gamma(\mathbf{A})$ genüge (A_2) . Ist K Kongruenzklasse der Kongruenzrelation Θ, $a \varepsilon K$ und $\bar{f}$ eine nicht konstante, 1-stellige, zulässige Operation von $\mathbf{A}$, dann ist $[\bar{f}(K)]$ die Kongruenzklasse von Θ , die $\bar{f}(a)$ enthält.

Beweis: $\bar{f}$ ist zulässig, woraus $\bar{f}(K) \subseteq [\bar{f}(a)]\Theta$ folgt. Somit hat man $[\bar{f}(K)] \subseteq [\bar{f}(a)]\Theta$. Da $\Gamma(\mathbf{A})$ die Generalvoraussetzung vor Hilfssatz 4.2 erfüllt, sind die bisherigen Ergebnisse dieses Abschnittes anwendbar. So folgt aus Hilfssatz 3.4 und Hilfssatz 4.5 die Existenz einer nicht konstanten, 1-stelligen, zulässigen Operation $\bar{g}$ von mit $\bar{g}(\bar{f}(a)) = a$ und damit auch $(\bar{f}\bar{g})(\bar{f}(a)) = \bar{f}(a)$. Die Komposition $\bar{f}\bar{g}$ ist nach Satz 4.7 wieder eine nicht konstante, 1-stellige, zulässige Operation von $\mathbf{A}$. Deshalb kann man aus Hilfssatz 4.8 $[(\bar{f}\bar{g})([\bar{f}(a)]\Theta)] = [\bar{f}(a)]\Theta$ folgern. Wegen $\bar{g}([\bar{f}(a)]\Theta) \subseteq K$ erhält man $[\bar{f}(a)]\Theta = [(\bar{f}\bar{g})([\bar{f}(a)]\Theta)] \subseteq [\bar{f}(K)]$. Damit ist $[\bar{f}(K)] = [\bar{f}(a)]\Theta$ bewiesen.

Eine Menge Δ von Abbildungen einer Menge M in sich heisst <u>transitiv</u>, wenn für je zwei Elemente p und q aus M wenigstens eine Abbildung δ in Δ mit $\delta p = q$ existiert; man sagt in diesem Fall auch, dass die Abbildungen von Δ <u>transitiv auf M operieren</u>. Wird allgemein durch

$$\Omega := \{(p,q) \mid \delta p = q \text{ für wenigstens ein } \delta \in \Delta\}$$

auf M eine Äquivalenzrelation Ω definiert, dann nennt man eine Äquivalenzklasse von Ω ein <u>Transitivitätsgebiet</u> von Δ . Eine Algebra $\mathbf{A}$ heisse <u>transitiv</u>, wenn die nicht konstanten, 1-stelligen, zulässigen Operationen von $\mathbf{A}$ transitiv auf A operieren (d.h. wenn A Transitivitätsgebiet von $\Delta(\Pi^{\mathbf{A}})$ ist). GRÄTZER nennt in [10] eine Algebra <u>regulär</u>, wenn jede ihrer Kongruenzklassen zu genau einer Kongruenzrelation gehört.

<u>Satz 4.10:</u> $\mathbf{A}$ sei eine Algebra, für die (A_2) in $\Gamma(\mathbf{A})$ gilt. $\mathbf{A}$ ist genau dann transitiv, wenn $\mathbf{A}$ regulär ist.

Beweis: Ist $\mathbf{A}$ einfach, so ist Satz 4.10 trivialerweise erfüllt. Darum kann für das weitere angenommen werden, dass $\mathbf{A}$ nicht einfach ist. Zunächst sei $\mathbf{A}$ transitiv und K eine Kongruenzklasse der Kongruenzrelationen Θ_1 und Θ_2 von $\mathbf{A}$. Wähle ein $a \in K$. Dann gibt es in $\mathbf{A}$ zu jedem Element b eine nicht konstante, 1-stellige, zulässige Operation $\bar{f}$ mit $\bar{f}(a) = b$. Nach Hilfssatz 4.9 gilt daher $[b]\Theta_1 = [\bar{f}(K)] = [b]\Theta_2$. Folglich ist $\Theta_1 = \Theta_2$, also $\mathbf{A}$ regulär. Man nehme nun umgekehrt an, dass $\mathbf{A}$ nicht transitiv ist. Definiere

$$\Omega := \{(a,b) \mid \bar{f}(a) = b \text{ für wenigstens eine nicht konstante, 1-stellige, zulässige Operation } \bar{f}\}.$$

Wegen Hilfssatz 4.5 ist Ω eine Äquivalenzrelation auf $\mathbf{A}$ mit wenigstens zwei Klassen. Da $\mathbf{A}$ mehr als zwei Elemente besitzt, gibt es eine Äquivalenzklasse K von Ω derart, dass wenigstens zwei Elemente ausserhalb von K liegen. Definiere $\Theta_1 := \{(a,b) \mid a,b \in K \text{ oder } a = b\}$ und $\Theta_2 := \{(a,b) \mid a,b \in K \text{ oder } a,b \notin K\}$. Wegen Satz 1.2 sind Θ_1 und Θ_2 Kongruenzrelationen. K ist somit Kongruenzklasse zweier verschiedener Kongruenzrelationen. $\mathbf{A}$ ist also nicht regulär.

<u>Satz 4.11:</u> Für eine Geometrie Γ, die (A_2) genügt und bzgl. Π affin koordinatisierbar ist, gilt:

(1) Ist $\Delta(\Pi)$ transitiv, dann ist Π ein Parallelismus.

(2) Ist $\Delta(\Pi)$ nicht transitiv, dann ist $\Delta(\Pi)$ eine Gruppe, in der jedes Element ungleich Eins Primzahlordnung hat; weiterhin ist jedes Transitivitätsgebiet von $\Delta(\Pi)$ ein Teilraum R, auf dem Γ eine zu $\Gamma((\Delta(\Pi);\Delta(\Pi)))$ isomorphe Untergeometrie Γ^R induziert.

Beweis: Zum Beweis von (1) werde vorausgesetzt: $\Delta(\Pi)$ ist transitiv. Betrachtet man auf der Punktmenge von Γ die Dilatationen als 1-stellige Operationen, so erhält man eine Algebra $\mathbf{A}$ mit $\Gamma = \Gamma(\mathbf{A})$

Für einen Teilraum R von Γ wird durch $\Theta_R := \{(a,b) \mid a,b \in S \text{ mit } R \Pi S\}$ eine Kongruenzrelation Θ_R von **A** definiert. Ist S Kongruenzklasse von Θ_R, dann ist nach Satz 4.10 $\Theta_R = \Theta_S$. Daraus folgt, dass Π ein Parallelismus ist.

Zum Beweis von (2) werde vorausgesetzt: $\Delta(\Pi)$ ist nicht transitiv. Wie schon im Beweis von Satz 4.10 erwähnt wurde, wird durch
$\Omega := \{(p,q) \mid \delta p = q$ für wenigstens ein $\delta \in \Delta(\Pi)\}$
eine Äquivalenzrelation Ω definiert (Hilfssatz 4.5!). Angenommen es gibt eine nicht konstante Π-Dilatation δ von Γ mit genau einem Fixpunkt q. Für einen beliebigen Punkt $p \neq q$ ist dann $\delta p \neq p$. Wegen $\delta p \in [p,q]$ und (A_2) folgt $q \in [p,\delta p]$. Nach Satz 3.5 gibt es ein $\gamma \in \Delta(\Pi)$ mit $\gamma p = q$ oder $\gamma\delta p = q$. Da nach Satz 4.7 mit γ und δ auch $\gamma\delta$ in $\Delta(\Pi)$ liegt, gilt also $(p,q) \in \Omega$. Demnach ist Ω die Allrelation, d.h. $\Delta(\Pi)$ ist transitiv, was einen Widerspruch ergibt. Somit ist auf Grund von Hilfssatz 4.2 jede nicht konstante Dilatation von Γ eine Translation (die Identität wird auch unter die Translationen gezählt). Zu einem Punkt p und $\tau \in \Delta(\Pi)$ gibt es nach Hilfssatz 4.5 ein $\gamma \in \Delta(\Pi)$ mit $\gamma\tau p = p$. Da die Identität die einzige Translation mit Fixpunkten ist, muss $\gamma\tau$ die Identität sein, was $\gamma = \tau^{-1}$ nach sich zieht. $\Delta(\Pi)$ ist somit eine Gruppe bzgl. der Komposition (s. Satz 4.7). Da $\gamma = \tau^{-1}$ für jedes $\tau \in \Delta(\Pi)$ mit $\gamma\tau p = p$ gilt, ist eine Translation τ eindeutig durch das Bild des Punktes p bestimmt. Daraus folgt, dass durch $\varphi\tau := \tau p (\tau \in \Delta(\Pi))$ eine eineindeutige Abbildung φ von $\Delta(\Pi)$ auf ein Transititätsgebiet R von $\Delta(\Pi)$ erklärt wird (R ist ein Teilraum wegen Satz 3.5). Darüber hinaus hat man mit φ sogar einen Isomorphismus von $\Gamma((\Delta(\Pi);\Delta(\Pi)))$ auf Γ^R. Für eine beliebige Gruppe Σ sind die nicht leeren Teilräume von $\Gamma((\Sigma;\Sigma))$ genau die Rechtsnebenklassen von Untergruppen. Gilt daher (A_2) in $\Gamma((\Sigma;\Sigma))$, so ist für jedes Element $g \neq 1$ der Teilraum $[1,g]$ eine minimale Untergruppe. Wegen

$\Gamma^R \cong \Gamma((\Delta(\Pi);\Delta(\Pi)))$ hat deshalb jedes Element ungleich Eins in $\Delta(\Pi)$ Primzahlordnung.

Durch Satz 4.11 erhält man eine genauere Kenntnis über die affin koordinatisierbaren Geometrien mit eindeutigen Verbindungsgeraden. Das kann man dazu ausnutzen, die Bedingungen für die affine Koordinatisierbarkeit (Satz 3.5) bei Geometrien mit eindeutigen Verbindungsgeraden zu verschärfen, wonach am Anfang dieses Abschnittes gefragt wurde. Weiterhin führt Satz 4.11(2) zu einer neuen Klasse von Beispielen affin koordinatisierbarer Geometrien, die (A_2) genügen: Zu jeder Kardinalzahl $\kappa > 1$, und jeder Gruppe Σ, in der jedes Element ungleich Eins Primzahlordnung hat, kann man offenbar eine zu (2) gehörige Geometrie Γ angeben, so dass $\Sigma \cong \Delta(\Pi)$ und κ die Anzahl der Transitivitätsgebiete von $\Delta(\Pi)$ ist; dabei ist Γ bis auf Isomorphie eindeutig durch Σ und κ bestimmt.

<u>Beispiel 4.12:</u> Mit Hilfe der Gruppen, in denen jedes Element ungleich Eins Primzahlordnung hat, kann man auch Beispiele von affin koordinatisierbaren Geometrien finden, in denen (A_2) aber nicht (A_3) gilt. Sei $\mathfrak{B}_3$ die primitive Klasse aller Gruppen, die der Gleichung $x^3 = 1$ genügen, und $\Sigma := F(2,\mathfrak{B}_3)$. In $\Gamma((\Sigma;\Sigma))$ gilt offenbar (A_2); insbesondere enthält jede Gerade genau 3 Punkte. Wie in LEVI, van der WAERDEN [18] gezeigt worden ist, hat die Gruppe Σ die Ordnung 3^3. Nach einem bekannten Resultat von SYLOW muss es eine Untergruppe Σ_o von Σ geben, die die Ordnung 3^2 hat. Da die Elemente von Σ_o und Σ in $\Gamma((\Sigma;\Sigma))$ Ebenen bilden und Σ_o echt in Σ liegt, kann (A_3) nicht in $\Gamma((\Sigma;\Sigma))$ gelten.

Die Sätze 4.10 und 4.11 weisen darauf hin, dass in einer Algebra A, die eine Geometrie mit eindeutigen Verbindungsgeraden affin koordinatisiert, ein enger Zusammenhang zwischen der Kongruenzklassengeometrie $\Gamma(\mathbf{A})$ und dem Verband $\mathfrak{C}(\mathbf{A})$ aller Kongruenzrelationen von $\mathbf{A}$ besteht. Dieser Zusammenhang soll zum Schluss dieses Abschnittes näher beschrieben werden.

<u>Satz 4.13:</u> Für die Algebra $\mathbf{A}$ gelte (A_2) in $\Gamma(\mathbf{A})$. Dann folgt:

(1) Ist $\mathbf{A}$ transitiv und $p \in A$, so ist $\mathfrak{C}(\mathbf{A})$ isomorph zum Verband $\mathfrak{B}_p(\Gamma(\mathbf{A}))$ aller Teilräume von $\Gamma(\mathbf{A})$, die den Punkt p enthalten.

(2) Ist $\mathbf{A}$ nicht transitiv und κ die Anzahl der Transitivitätsgebiete von $\Delta(\Pi^{\mathbf{A}})$, so kann man $\mathfrak{C}(\mathbf{A})$ mit Hilfe der halbgeordneten Menge $\mathfrak{P}$ aller Folgen $(\Xi,(\tau_\alpha\Delta_\alpha)_{\alpha<\kappa})$ beschreiben, für die folgende Bedingungen gelten:

(i) Ξ ist eine Äquivalenzrelation der Ordinalzahlmenge $\{\alpha \mid \alpha<\kappa\}$.

(ii) Für alle $\alpha<\kappa$ ist $\tau_\alpha \in \Delta(\Pi^{\mathbf{A}})$ und Δ_α eine Untergruppe von $\Delta(\Pi^{\mathbf{A}})$.

(iii) Aus $(\alpha,\beta)\in\Xi$ folgt $\tau_\alpha\Delta_\alpha\tau_\alpha^{-1} = \tau_\beta\Delta_\beta\tau_\beta^{-1}$.

(iv) $(\Xi,(\tau_\alpha\Delta_\alpha)_{\alpha<\kappa}) \leq (\Xi',(\tau'_\alpha\Delta'_\alpha)_{\alpha<\kappa})$ genau dann, wenn $\Xi \subseteq \Xi'$ und $\tau_\alpha\Delta_\alpha \subseteq \tau'_\alpha\Delta'_\alpha$ für alle $\alpha<\kappa$.

Definiert man $\psi := \{((\Xi,(\tau_\alpha\Delta_\alpha)_{\alpha<\kappa}),(\Xi,(\sigma_\alpha\Delta_\alpha)_{\alpha<\kappa})) \mid \tau_\alpha^{-1}\tau_\beta\sigma_\beta^{-1}\sigma_\alpha \in \Delta_\alpha$ für $(\alpha,\beta)\in\Xi\}$,

dann erhält man eine Äquivalenzrelation ψ von $\mathfrak{P}$ derart, dass $\mathfrak{P}/\psi$ eine halbgeordnete Menge ist, die halbordnungsisomorph zu $\mathfrak{C}(\mathbf{A})$ ist.

Beweis: Ist $\mathbf{A}$ transitiv und $p\in A$, dann wird nach Satz 4.10 durch $\varphi\Theta := [p]\Theta$ $(\Theta\in\mathfrak{C}(\mathbf{A}))$ eine eineindeutige Abbildung von $\mathfrak{C}(\mathbf{A})$ auf $\mathfrak{B}_p(\Gamma(\mathbf{A}))$ definiert. Da wegen Satz 4.10 $\Theta_1\subseteq\Theta_2$ äquivalent zu $[p]\Theta_1\subseteq[p]\Theta_2$ ist, hat man mit φ sogar einen Isomorphismus. Ist $\mathbf{A}$ nicht transitiv und κ die Anzahl der Transitivitätsgebiete von $\Delta(\Pi^{\mathbf{A}})$ (Äquivalenzklassen von Ω), dann wähle man in $\mathbf{A}$ eine

Elementenfolge $(a_\alpha)_{\alpha<\kappa}$ derart, dass jedes Transitivitätsgebiet von genau einem Element a_α repräsentiert wird. Für $H := (\Xi,(\tau_\alpha\Delta_\alpha)_{\alpha<\kappa}) \varepsilon \mathfrak{H}$ definiere

$$\psi H := \{(\delta_\alpha a_\alpha, \delta_\beta a_\beta) \mid (\alpha,\beta) \varepsilon \Xi \text{ und } \tau_\alpha^{-1}\tau_\beta\delta_\beta^{-1}\delta_\alpha \varepsilon \Delta_\alpha\} .$$

Wegen $(\alpha,\alpha) \varepsilon \Xi$ und $\tau_\alpha^{-1}\tau_\alpha\delta_\alpha^{-1}\delta_\alpha = 1$ ist ψH eine reflexive Relation von A. Aus $(\alpha,\beta) \varepsilon \Xi$ und $\tau_\alpha^{-1}\tau_\beta\delta_\beta^{-1}\delta_\alpha \varepsilon \Delta_\alpha$ folgt $(\beta,\alpha) \varepsilon \Xi$ und $\tau_\beta\delta_\beta^{-1}\delta_\alpha\tau_\alpha^{-1} \varepsilon \tau_\alpha\Delta_\alpha\tau_\alpha^{-1} = \tau_\beta\Delta_\beta\tau_\beta^{-1}$, also $\delta_\beta^{-1}\delta_\alpha\tau_\alpha^{-1}\tau_\beta \varepsilon \Delta_\beta$. Da somit $\tau_\beta^{-1}\tau_\alpha\delta_\alpha^{-1}\delta_\beta \varepsilon \Delta_\beta$ gilt, liegt mit $(\delta_\alpha a_\alpha, \delta_\beta a_\beta)$ auch $(\delta_\beta a_\beta, \delta_\alpha a_\alpha)$ in ψH. Demnach ist ψH symmetrisch. Dass ψH auch transitiv ist, sieht man folgendermassen: Aus (α,β), $(\beta,\gamma) \varepsilon \Xi$, $\tau_\alpha^{-1}\tau_\beta\delta_\beta^{-1}\delta_\alpha \varepsilon \Delta_\alpha$ und $\tau_\beta^{-1}\tau_\gamma\delta_\gamma^{-1}\delta_\beta \varepsilon \Delta_\beta$ erhält man $(\alpha,\gamma) \varepsilon \Xi$ und $\tau_\gamma\delta_\gamma^{-1}\delta_\beta\tau_\beta^{-1} \varepsilon \tau_\beta\Delta_\beta\tau_\beta^{-1} = \tau_\alpha\Delta_\alpha\tau_\alpha^{-1}$, also $\tau_\alpha^{-1}\tau_\gamma\delta_\gamma^{-1}\delta_\beta\tau_\beta^{-1}\tau_\alpha \varepsilon \Delta_\alpha$ und damit $\tau_\alpha^{-1}\tau_\gamma\delta_\gamma^{-1}\delta_\alpha = (\tau_\alpha^{-1}\tau_\gamma\delta_\gamma^{-1}\delta_\beta\tau_\beta^{-1}\tau_\alpha)(\tau_\alpha^{-1}\tau_\beta\delta_\beta^{-1}\delta_\alpha) \varepsilon \Delta_\alpha$. Gilt $(\delta_\alpha a_\alpha, \delta_\beta a_\beta) \varepsilon \psi H$ und $\tau \varepsilon \Delta(\Pi^{\mathbf{A}})$, dann ist $(\alpha,\beta) \varepsilon \Xi$ und $\tau_\alpha^{-1}\tau_\beta(\tau\delta_\beta)^{-1}(\tau\delta_\alpha) = \tau_\alpha^{-1}\tau_\beta\delta_\beta^{-1}\delta_\alpha \varepsilon \Delta_\alpha$, also $(\tau\delta_\alpha a_\alpha, \tau\delta_\beta a_\beta) \varepsilon \psi H$. Wegen Satz 1.2 ist ψH somit eine Kongruenzrelation von $\mathbf{A}$. Man hat demnach mit ψ eine Abbildung von $\mathfrak{H}$ in $\mathfrak{C}(\mathbf{A})$. Als nächstes soll gezeigt werden, dass ψ surjektiv ist. Für eine Kongruenzrelation $\Theta \varepsilon \mathfrak{C}(\mathbf{A})$ definiere

$$\Xi^\Theta := \{(\alpha,\beta) \mid \alpha,\beta < \kappa \text{ und } (a_\alpha, a_\beta) \varepsilon \Theta \vee \Omega\} \text{ und}$$
$$\Delta_\alpha^\Theta := \{\tau \varepsilon \Delta(\Pi^{\mathbf{A}}) \mid (a_\alpha, \tau a_\alpha) \varepsilon \Theta\} \qquad (\alpha < \kappa) .$$

Ξ^Θ ist eine Äquivalenzrelation von $\{\alpha \mid \alpha < \kappa\}$. Dass die Δ_α^Θ Untergruppen von $\Delta(\Pi^{\mathbf{A}})$ sind, sieht man folgendermassen: Gilt $\tau_1,\tau_2 \varepsilon \Delta_\alpha^\Theta$, dann ist $(\tau_1 a_\alpha, \tau_2 a_\alpha) \varepsilon \Theta$ und damit $(a_\alpha, \tau_1^{-1}\tau_2 a_\alpha) \varepsilon \Theta$, also $\tau_1^{-1}\tau_2 \varepsilon \Delta_\alpha^\Theta$. Sei Λ^Θ eine Repräsentantenmenge für die Äquivalenzklassen von Ξ^Θ. Wähle $\tau_\lambda \varepsilon \Delta(\Pi^{\mathbf{A}})$ für $\lambda \varepsilon \Lambda^\Theta$. Zu einem $\alpha \notin \Lambda^\Theta$ gibt es genau ein $\lambda \varepsilon \Lambda^\Theta$ mit $(\lambda,\alpha) \varepsilon \Xi^\Theta$. Wegen $(a_\lambda, a_\alpha) \varepsilon \Theta \vee \Omega$ existieren Ordinalzahlen $\lambda = \alpha_1, \alpha_2, \ldots, \alpha_n = \alpha$ und Translationen

$\tau_1,\ldots,\tau_{n-1},\sigma_2,\ldots,\sigma_n$ mit $(\tau_i a_{\alpha_i},\sigma_{i+1}a_{\alpha_{i+1}})\in\Theta$ für $i=1,\ldots,n-1$. Setze $\tau_\alpha := \tau_\lambda\tau_1^{-1}\sigma_2\ldots\tau_{n-1}^{-1}\sigma_n$. Dann gilt $(\tau_\lambda a_\lambda,\tau_\alpha a_\alpha)\in\Theta$. Die τ_α $(\alpha<\kappa)$ sind also derart gewählt, dass $(\tau_\alpha a_\alpha,\tau_\beta a_\beta)\in\Theta$ für $(\alpha,\beta)\in\Xi^\Theta$ ist. Damit erhält man die folgende Kette von Äquivalenzen: $\tau\in\Delta_\alpha^\Theta \Longleftrightarrow (a_\alpha,\tau a_\alpha)\in\Theta \Longleftrightarrow (\tau_\alpha a_\alpha,\tau_\alpha\tau a_\alpha)\in\Theta \Longleftrightarrow (\tau_\beta a_\beta,\tau_\alpha a_\alpha)\in\Theta \Longleftrightarrow$ $(\tau_\alpha\tau^{-1}\tau_\alpha^{-1}\tau_\beta a_\beta,\tau_\alpha a_\alpha)\in\Theta \Longleftrightarrow (\tau_\alpha\tau^{-1}\tau_\alpha a_\beta,\tau_\beta a_\beta)\in\Theta \Longleftrightarrow (a_\beta,\tau_\beta^{-1}\tau_\alpha\tau\tau_\alpha^{-1}\tau_\beta a_\beta)\in\Theta$ $\Longleftrightarrow \tau_\beta^{-1}\tau_\alpha\tau\tau_\alpha^{-1}\tau_\beta\in\Delta_\beta^\Theta$. Daraus ergibt sich $\tau_\alpha\Delta_\alpha^\Theta\tau_\alpha^{-1} = \tau_\beta\Delta_\beta^\Theta\tau_\beta^{-1}$ für $(\alpha,\beta)\in\Xi^\Theta$. Demnach ist die Folge $(\Xi^\Theta,(\tau_\alpha\Delta_\alpha^\Theta)_{\alpha<\kappa})$ aus $\mathfrak{P}$. Für $(\alpha,\beta)\in\Xi^\Theta$ hat man wegen $(\tau_\alpha a_\alpha,\tau_\beta a_\beta)\in\Theta$ auch folgende Kette von Äquivalenzen: $(\delta_\alpha a_\alpha,\delta_\beta a_\beta)\in\Theta \Longleftrightarrow (\tau_\beta\delta_\beta^{-1}\delta_\alpha a_\alpha,\tau_\beta a_\beta)\in\Theta \Longleftrightarrow$ $(\tau_\beta\delta_\beta^{-1}\delta_\alpha a_\alpha,\tau_\alpha a_\alpha)\in\Theta \Longleftrightarrow (\tau_\alpha^{-1}\tau_\beta\delta_\beta^{-1}\delta_\alpha a_\alpha,a_\alpha)\in\Theta \Longleftrightarrow \tau_\alpha^{-1}\tau_\beta\delta_\beta^{-1}\delta_\alpha\in\Delta_\alpha^\Theta \Longleftrightarrow$ $(\delta_\alpha a_\alpha,\delta_\beta a_\beta)\in\psi(\Xi^\Theta,(\tau_\alpha\Delta_\alpha^\Theta)_{\alpha<\kappa})$. Es gilt also $\Theta=\psi(\Xi^\Theta,(\tau_\alpha\Delta_\alpha^\Theta)_{\alpha<\kappa})$. ψ ist somit eine Abbildung von $\mathfrak{P}$ auf $\mathfrak{C}(A)$. Im weiteren soll zunächst

$$\Psi = \{(H,K)\,|\,H,K\in\mathfrak{P} \text{ mit } \psi H=\psi K\}$$

nachgewiesen werden; damit wird insbesondere gezeigt, dass Ψ eine Äquivalenzrelation von $\mathfrak{P}$ ist. Seien $H := (\Xi,(\tau_\alpha\Delta_\alpha)_{\alpha<\kappa})$ und $K := (\Phi,(\sigma_\alpha\Sigma_\alpha)_{\alpha<\kappa})$ aus $\mathfrak{P}$. Aus $(H,K)\in\Psi$ erhält man $\Xi=\Phi$ und $\Delta_\alpha=\Sigma_\alpha$ für $\alpha<\kappa$. Dann gilt für $(\alpha,\beta)\in\Xi=\Phi$: $(\delta_\alpha a_\alpha,\delta_\beta a_\beta)\in\psi H \Longleftrightarrow \tau_\alpha^{-1}\tau_\beta\delta_\beta^{-1}\delta_\alpha\in\Delta_\alpha \Longleftrightarrow (\tau_\alpha^{-1}\tau_\beta\sigma_\beta^{-1}\sigma_\alpha)(\sigma_\alpha^{-1}\sigma_\beta\delta_\beta^{-1}\delta_\alpha)\in\Delta_\alpha=\Sigma_\alpha$ $\Longleftrightarrow \sigma_\alpha^{-1}\sigma_\beta\delta_\beta^{-1}\delta_\alpha\in\Sigma_\alpha \Longleftrightarrow (\delta_\alpha a_\alpha,\delta_\beta a_\beta)\in\psi K$. Folglich ist $\psi H=\psi K$. Aus $\psi H=\psi K$ bekommt man umgekehrt für $\alpha<\kappa$: $\tau\in\Delta_\alpha \Longleftrightarrow (a_\alpha,\tau a_\alpha)\in\psi H=\psi K$ $\Longleftrightarrow \tau\in\Sigma_\alpha$ (Man beachte, dass τ durch das Bild von a_α eindeutig bestimmt ist), d.h. $\Delta_\alpha=\Sigma_\alpha$. Aus $(\alpha,\beta)\in\Phi$ und $\sigma_\alpha^{-1}\sigma_\beta\sigma_\beta^{-1}\sigma_\alpha=1$ folgt $(\sigma_\alpha a_\alpha,\sigma_\beta a_\beta)\in\psi K=\psi H$, was $(\alpha,\beta)\in\Xi$ nach sich zieht. Somit erhält man $\Phi\subseteq\Xi$ und analog $\Xi\subseteq\Phi$, also $\Xi=\Phi$. $(\sigma_\alpha a_\alpha,\sigma_\beta a_\beta)\in\psi H$ bedeutet zudem, dass $\tau_\alpha^{-1}\tau_\beta\sigma_\beta^{-1}\sigma_\alpha$ in Δ_α liegt. Damit ist $(H,K)\in\Psi$ gezeigt. Ψ ist also der Kern der Abbildung ψ, d.h. ψ induziert eine eineindeutige Abbildung von $\mathfrak{P}/\Psi$ auf $\mathfrak{C}(A)$. Folglich ist

$\mathfrak{D}/\Psi$ eine zu $\mathfrak{C}(\mathbf{A})$ isomorphe halbgeordnete Menge, wenn $H \leq K$ in $\mathfrak{D}$ stets $\psi H \subseteq \psi K$ in $(\mathbf{A})$ ergibt und wenn zu $\Theta \subseteq \Theta'$ in $\mathfrak{C}(\mathbf{A})$ Folgen $H^{\Theta} \subseteq H^{\Theta'}$ in $\mathfrak{D}$ mit $\Theta = H^{\Theta}$ und $\Theta' = H^{\Theta'}$ existieren. Sei in $\mathfrak{D}$ $H := (\Xi, (\tau_\alpha \Delta_\alpha)_{\alpha<\kappa}) \leq K := (\Phi, (\sigma_\alpha \Sigma_\alpha)_{\alpha<\kappa})$. Für $(\alpha,\beta) \in \Xi \subseteq \Phi$ und $\tau_\alpha^{-1}\tau_\beta\delta_\beta^{-1}\delta_\alpha \in \Delta_\alpha$ gilt $\tau_\beta\delta_\beta^{-1}\delta_\alpha \in \tau_\alpha\Delta_\alpha \subseteq \sigma_\alpha\Sigma_\alpha$, also $\tau_\beta\delta_\beta^{-1}\delta_\alpha\sigma_\alpha^{-1} \in \sigma_\alpha\Sigma\sigma_\alpha^{-1} = \sigma_\beta\Sigma_\beta\sigma_\beta^{-1}$. Wegen $\tau_\beta \in \sigma_\beta\Sigma_\beta$ folgt $\delta_\beta^{-1}\delta_\alpha\sigma_\alpha^{-1}\sigma_\beta \in \Delta_\beta$, woraus sich $(\delta_\beta a_\beta, \delta_\alpha a_\alpha) \in \psi K$ ergibt. Damit hat man $\psi H \subseteq \psi K$. Sei nun $\Theta \subseteq \Theta'$ in $\mathfrak{C}(\mathbf{A})$. Bilde Ξ^{Θ}, Δ_α^{Θ}, $\Xi^{\Theta'}$ und $\Delta_\alpha^{\Theta'}$ wie oben $(\alpha < \kappa)$. Dann kann man zu einer Repräsentantenmenge Λ^{Θ} für die Äquivalenzklassen von Ξ^{Θ} in $\mathfrak{D}$ $H^{\Theta} := (\Xi^{\Theta}, (\tau_\alpha\Delta_\alpha^{\Theta})_{\alpha<\kappa})$ und $H^{\Theta'} := (\Xi^{\Theta'}, (\tau'_\alpha\Delta_\alpha^{\Theta'})_{\alpha<\kappa})$ mit $\Theta = \psi H^{\Theta}$ und $\Theta' = \psi H^{\Theta'}$ finden, so dass $\tau_\lambda = \tau'_\lambda$ für alle $\lambda \in \Lambda^{\Theta}$ gilt. Für den Nachweis von $H^{\Theta} \subseteq H^{\Theta'}$ bekommt man sofort $\Xi^{\Theta} \subseteq \Xi^{\Theta'}$ und $\Delta_\alpha^{\Theta} \subseteq \Delta_\alpha^{\Theta'}$ $(\alpha < \kappa)$. Zu $\alpha < \kappa$ gibt es ein $\lambda \in \Lambda^{\Theta}$ mit $(\lambda, \alpha) \in \Xi^{\Theta}$. Daraus folgt $(\tau_\lambda a_\lambda, \tau_\alpha a_\alpha) \in \Theta$ und $(\tau'_\lambda a_\lambda, \tau'_\alpha a_\alpha) \in \Theta'$. Wegen $\Theta \subseteq \Theta'$ ist daher $(\tau'_\alpha a_\alpha, \tau_\alpha a_\alpha) \in \Theta'$, also $\tau_\alpha'^{-1}\tau_\alpha \in \Delta_\alpha^{\Theta'}$. Damit erhält man $\tau_\alpha\Delta_\alpha^{\Theta} =$
$\tau_\alpha\Delta_\alpha^{\Theta}\tau_\alpha^{-1}\tau_\alpha = \tau_\lambda\Delta_\lambda^{\Theta}\tau_\lambda^{-1}\tau_\alpha \subseteq \tau'_\lambda\Delta_\lambda^{\Theta'}\tau_\lambda'^{-1}\tau_\alpha = \tau'_\alpha\Delta_\alpha^{\Theta'}\tau_\alpha'^{-1}\tau_\alpha = \tau'_\alpha\Delta_\alpha^{\Theta'}$
Es gilt somit $H^{\Theta} \leq H^{\Theta'}$, was noch zu zeigen war.

Zusatz 4.14: Für die Algebra $\mathbf{A}$ gelte (A_2) in $\Gamma(\mathbf{A})$. Dann ist $\mathfrak{C}(\mathbf{A})$ ein geometrischer Verband.

Beweis: Für jeden Punkt p in $\Gamma(\mathbf{A})$ ist $\mathfrak{B}_p(\Gamma(\mathbf{A}))$ wegen (A_2) ein geometrischer Verband. Ist $\Delta(\Pi^{\mathbf{A}})$ transitiv, so ergibt Satz 4.13 (1), dass auch $\mathfrak{C}(\mathbf{A})$ ein geometrischer Verband ist. Ist $\Delta(\Pi^{\mathbf{A}})$ nicht transitiv, so repräsentiert nach Satz 4.13(2) die Folge $(\Xi, (\tau_\alpha\Delta_\alpha)_{\alpha<\kappa})$ genau dann ein Atom von $\mathfrak{D}/\Psi$, wenn $\Delta_\alpha = \{1\}$ für $\alpha < \kappa$ und für genau ein Paar $\beta \neq \gamma$ $(\beta,\gamma) \in \Xi$ gilt oder wenn Ξ die Identität, $\Delta_\alpha \neq \{1\}$ für genau ein $\alpha < \kappa$ und Δ_α minimale Untergruppe ist. Da jede Untergruppe von $\Delta(\Pi^{\mathbf{A}})$ Vereinigung von minimalen Untergruppen ist, ist jedes Element von $\mathfrak{D}/\Psi$ Vereinigung von

Atomen. Demnach ist $\mathfrak{C}(\mathbf{A})$ atomistisch und damit auch geometrisch.

Nach Zusatz 4.14 erhält man mit einer Algebra $\mathbf{A}$, die eine Geometrie mit eindeutigen Verbindungsgeraden affin koordinatisiert, auch durch $\mathfrak{C}(\mathbf{A})$ eine Geometrie. Zusatz 4.14 kann also als eine Verallgemeinerung des Satzes aufgefasst werden, der besagt, dass in einem Vektorraum die Kongruenzrelationen (Untervektorräume) eine projektive Geometrie beschreiben. Wegen dieses Zusammenhanges soll allgemein gesagt werden, dass eine Algebra $\mathbf{A}$ eine Geometrie Γ <u>projektiv koordinatisiert</u>, wenn $\mathfrak{C}(\mathbf{A})$ und $\mathfrak{D}(\Gamma)$ isomorph sind. Es ist sicherlich eine lohnende Aufgabe, die "projektive Koordinatisierung" ausführlich zu untersuchen, zumal man nach Satz von GRÄTZER und SCHMIDT [11] weiss, dass jede Geometrie projektiv koordinatisierbar ist. Hier soll nur noch der Frage nachgegangen werden, welche Algebren wie die Vektorräume projektive Geometrie projektiv koordinatisieren.

<u>Hilfssatz 4.15:</u> Für die Algebra $\mathbf{A}$ gelte (A_2) in $\Gamma(\mathbf{A})$. $\mathbf{A}$ ist transitiv, wenn $\Gamma(\mathbf{A})$ nicht diskret ist und $\mathbf{A}$ eine Geometrie mit eindeutigen Verbindungsgeraden projektiv koordinatisiert.

Beweis: $\mathbf{A}$ sei nicht transitiv und $\Gamma(\mathbf{A})$ nicht diskret. Dann gibt es ein Paar $(p,q) \notin \Omega$ und eine Translation $\tau \neq 1$ in $\Delta(\Pi^{\mathbf{A}})$. Es folgt $\Theta(q,\tau q) \subset \Theta(p,\tau p) \vee \Theta(p,q)$, aber $(p,q) \notin \Theta(p,\tau p) \vee \Theta(q,\tau q)$. Da $\Theta(p,q)$, $\Theta(p,\tau p)$ und $\Theta(q,\tau q)$ verschiedene Atome von $\mathfrak{C}(\mathbf{A})$ sind, gilt demnach (A_2) nicht in der Geometrie, die $\mathbf{A}$ projektiv koordinatisiert.

<u>Hilfssatz 4.16:</u> Für die Algebra $\mathbf{A}$ gelte (A_2) in $\Gamma(\mathbf{A})$. $\mathbf{A}$ koordinatisiert genau dann projektiv eine Geometrie mit Austauschaxiom, wenn $\Gamma(\mathbf{A})$ diskret ist oder wenn $\mathbf{A}$ transitiv ist und eine planare Geometrie affin koordinatisiert.

Beweis: Ist $\Gamma(A)$ diskret, so ist $\mathfrak{C}(A)$ nach Satz 3.7 der Verband aller Äquivalenzrelationen von A. Dann folgt in $\mathfrak{C}(A)$ aus $\Theta(a,b) \subseteq \Theta(c,d) \vee \Theta$ mit $(a,b) \notin \Theta$ sofort $\Theta(c,d) \subseteq \Theta(a,b) \vee \Theta$. Ist A transitiv, so gilt für ein $p \in A$ nach Satz 4.13(1) $\mathfrak{C}(A) \cong \mathfrak{D}_p(\Gamma(A))$. Daraus erhält man wegen (A_2), dass sich die Gültigkeit des Austauschaxioms von $\Gamma(A)$ auf die Geometrie überträgt, die A projektiv koordinatisiert. Umgekehrt sei vorausgesetzt, dass $\Gamma(A)$ nicht diskret ist und A eine Geometrie mit Austauschaxiom projektiv koordinatisiert. Dann ist nach Hilfssatz 4.15 A transitiv. Sei $p \in [q,M]$ mit $p \notin [M]$ in $\Gamma(A)$. $M = \emptyset$ ergibt $p = q$, also $q \in [p,M]$. Ist $M \neq \emptyset$, dann wähle ein $m \in M$. Nach Satz 4.13(1) ist $\mathfrak{C}(A) \cong \mathfrak{D}_m(\Gamma(A))$. Aus $[m,p] \subseteq [m,q] \vee [M]$ mit $[m,p] \wedge [M] = \{m\}$ (wegen (A_2) !) folgt somit $[m,q] \subseteq [m,p] \vee [M]$, d.h. $q \in [p,M]$. Folglich gilt in $\Gamma(A)$ das Austauschaxiom. Da nach Satz 3.5 $\Gamma(A)$ auch dem Axiom (VI) genügt, ist $\Gamma(A)$ eine planare Geometrie.

<u>Satz 4.17:</u> Für die Algebra A gelte (A_2) in $\Gamma(A)$. A koordinatisiert genau dann projektiv eine projektive Geometrie, wenn $|A| \leq 3$ ist oder wenn A transitiv ist und eine streng planare Geometrie affin koordinatisiert.

Beweis: Ist $|A| \leq 3$, dann sieht man unmittelbar, dass A eine projektive Geometrie projektiv koordinatisiert. Daher kann vorausgesetzt werden, dass A transitiv und $\Gamma(A)$ streng planar ist. Dann ist für ein $r \in A$ nach Satz 4.13(1) $\mathfrak{C}(A) = \mathfrak{D}_r(\Gamma(A))$. In $\mathfrak{D}_r(\Gamma(A))$ gelte $[p,r] \subseteq [q,r] \vee [M]$ mit $p \neq r \neq q$ und $r \in M$. Dann gibt es ein $s \in [M]$ mit $p \in [q,r,s]$, also $[p,r] \subseteq [q,r] \vee [r,s]$. Zusammen mit Hilfssatz 4.16 folgt daraus, dass A eine projektive Geometrie projektiv koordinatisiert. Umgekehrt sei vorausgesetzt, dass $|A| > 3$ ist und A eine projektive Geometrie projektiv koordinatisiert. A enthält also vier verschiedene Elemente $a_1,\dots,a_4$. Da in $\mathfrak{C}(A)$ ein Atom

$\Theta \subseteq \Theta(a_1,a_2) \vee \Theta(a_3,a_4)$ mit $\Theta(a_1,a_4) \subseteq \Theta(a_2,a_3) \vee \Theta$ existiert, kann $\Gamma(A)$ nicht diskret sein. A ist deshalb nach Hilfssatz 4.16 transitiv, und $\Gamma(A)$ genügt dem Austauschaxiom. Sei $p \in [q,M]$ und $r \in [M]$ in $\Gamma(A)$. Ist $p = q$ oder $q = r$ oder $\{r\} = M$, so erhält man $p \in [q,r,s]$ für $s := r$. Ist $p \neq q$, $q \neq r$ und $\{r\} \subset M$, so wird wieder $\mathfrak{C}(A) \cong \mathfrak{B}_r(\Gamma(A))$ ausgenutzt. Wegen (A_2) und (IX) gibt es ein $s \in [M]$ mit $[p,r] \subseteq [q,r] \vee [r,s]$, also $p \in [q,r,s]$. Demnach ist $\Gamma(A)$ streng planar.

Im Satz 4.17 ist die Voraussetzung, dass (A_2) in $\Gamma(A)$ gilt, unentbehrlich: Ist beispielsweise A ein halbeinfacher Artinring, so koordinatisiert der Rechtsmodul A_A projektiv eine projektive Geometrie (s. Satz VI.2.1 in MAEDA [21], S. 144); in $\Gamma(A)$ gilt aber wegen $A = [0,1]$ nur dann (A_2), wenn A ein Körper ist. Es sei noch bemerkt, dass man mit Beispiel 4.4 Algebren hat, die allen Bedingungen von Satz 4.17 genügen, jedoch nicht (wie die Vektorräume) affine Geometrien affin koordinatisieren. Damit zeigt sich, dass man einer projektiv koordinatisierten Geometrie im allgemeinen nicht ansehen kann, ob in der zugehörigen affin koordinatisierten Geometrie das Parallelenaxiom gilt.

5. Pseudoaffine Geometrien

Ausgangspunkt für den vierten Abschnitt war die Frage, wieweit sich bei Geometrien mit eindeutigen Verbindungsgeraden die Bedingungen für die affine Koordinatisierbarkeit (Satz 3.5) verschärfen lassen. Als Antwort darauf ergab sich, dass man im wesentlichen nur Dilatationen bezüglich Parallelismen zu betrachten braucht. Weitgehendere Einschränkungen bekommt man bei Geometrien, die dem Parallelenaxiom (VIII) genügen; diese Geometrien sollen im weiteren kurz pseudoaffin genannt werden. Durch das Parallelenaxiom wird man dazu geführt, für die Geraden einer pseudoaffinen Geometrie folgende Relation zu erklären:

$$K \parallel L :\Longleftrightarrow (L \subseteq K \vee K \cap L = \emptyset) \wedge \exists p \in L (L \subseteq [p,K]) ;$$

gelesen wird $K \parallel L$ als " L ist parallel (eine Parallele) zu K " . Ein Ziel dieses Abschnittes ist es zu zeigen, dass in einer pseudoaffinen Kongruenzklassengeometrie $\Gamma(\mathbf{A})$ die Relation $\parallel$ ein Geradenparallelismus ist, bezüglich dessen $\Gamma(\mathbf{A})$ affin koordinatisierbar ist. Damit erhält man dann, dass eine pseudoaffine Geometrie genau dann affin koordinatisierbar ist, wenn sie Axiom (VI) genügt, $\parallel$ ein Geradenparallelismus ist und "hinreichend viele" $\parallel$-Dilatationen existieren, die eine gegebene Gerade in sich abbilden.

Hilfssatz 5.1: Eine pseudoaffine Geometrie genügt (A_3) .

Beweis: Zunächst wird gezeigt, dass in einer pseudoaffinen Geometrie (A_2) gilt. Sei $q \in [p_1,p_2]$ und $q \neq p_1$. Dann sind $[p_1,p_2]$ und $[p_1,q]$ Geraden in $[p_1,p_2,q]$, die den Punkt q enthalten und für die $[p_1,q] \subseteq [p_1,p_2]$ gilt. Nach dem Parallelenaxiom (VIII) ist daher $[p_1,q] = [p_1,p_2]$, also $p_2 \in [p_1,q]$. Sei nun $q \in [p_1,p_2,p_3]$ und $q \notin [p_1,p_2]$. Da (A_2) schon nachgewiesen ist, kann $p_1 \neq p_2$ angenommen werden. In $[p_1,p_2,p_3]$ existiert nach (VIII) genau eine Gerade L mit $p_3 \in L$ und $[p_1,p_2] \parallel L$; ebenso existiert in $[p_1,p_2,q]$

genau eine Gerade L' mit $q \in L'$ und $[p_1,p_2] \parallel L'$. Ist $q \in L$, dann folgt aus $L' \subseteq [p_1,p_2,p_3]$ und der Eindeutigkeit der Parallelen $L = L'$, also $p_3 \in L' \subseteq [p_1,p_2,q]$. Ist $q \notin L$, dann haben wegen (VIII) und (A_2) die Geraden $[p_1,q]$ und $[p_2,q]$ mit der Geraden L zwei verschiedene Schnittpunkte r_1 und r_2 . Wieder wegen (A_2) hat man somit $L = [r_1,r_2]$, also $p_3 \in [r_1,r_2] \subseteq [p_1,p_2,q]$. Damit ist auch die Gültigkeit von (A_3) nachgewiesen.

<u>Hilfssatz 5.2:</u> Alle Geraden einer pseudoaffinen Geometrie haben die gleiche Mächtigkeit κ ; die Ebenen haben die Mächtigkeit κ^2 .

Beweis: K und L seien zwei verschiedene Geraden in einer Ebene. Dann gibt es $p \in K$ und $q \in L$ mit $p \notin L$ und $q \notin K$. Die Parallelen zu $[p,q]$ in der Ebene $[K \cup L]$ schneiden wegen (A_2) (Hilfssatz 5.1) die Geraden K und L jeweils in genau einem Punkt. Da jeder Punkt von K bzw. L in genau einer Parallelen zu $[p,q]$ enthalten ist, folgt $|K| = |L|$. Liegen die Geraden K und L nicht in einer Ebene, so wähle man $p \in K$ und $q \in L$. Dann sind K und $[p,q]$ bzw. $[p,q]$ und L in jeweils einer Ebene enthalten. Daher ist $|K| = |[p,q]| = |L|$. Da sich jeder Punkt einer Ebene $[p_1,p_2,p_3]$ eindeutig als Schnittpunkt einer Parallelen zu $[p_1,p_2]$ und einer Parallelen zu $[p_1,p_3]$ darstellen lässt, ist $|[p_1,p_2,p_3]| = |[p_1,p_2] \times [p_1,p_3]| = |[p_1,p_2]|^2$.

Bekanntlich gibt es nichtdesarguessche, affine Geometrien nur vom Rang 3 . Um diese Diskrepanz bei der Axiomatik affiner Geometrien aufzuheben, hat SPERNER in [31] eine Klasse $\mathfrak{V}$ von "verallgemeinerten affinen Räumen" eingeführt, in der die affinen Ebenen bezüglich des Satzes von Desargues keine Sonderrolle spielen. Allerdings ist $\mathfrak{V}$ so weit gefasst, dass in $\mathfrak{V}$ neben den affinen auch nichtaffine Ebenen existieren (z.B. das ganzzahlige, ebene Gitter). Nach Hilfssatz 5.1 ist die Klasse der pseudoaffinen Geometrien gerade die Klasse aller Geometrien, in denen alle Unterebenen affin sind. Dass auch in dieser

Klasse nichtdesarguessche Geometrien beliebigen Ranges existieren, zeigt das folgende Beispiel.

Beispiel 5.3: Eine Punktmenge mit ausgezeichneten vierpunktigen Teilmengen, genannt Ebenen, soll Quadrupelsystem heissen, wenn jeweils drei beliebige Punkte in genau einer Ebene enthalten sind; hat man nur, dass drei beliebige Punkte in höchstens einer Ebene liegen, so soll von einem partiellen Quadrupelsystem gesprochen werden. Um ein partielles Quadrupelsystem Q in ein Quadrupelsystem $\hat{Q}$ einzubetten, werden rekursiv partielle Quadrupelsysteme $Q^{(n)}$ für jede natürliche Zahl n gebildet: Setze $Q^{(0)} := Q$; $Q^{(n+1)}$ geht aus $Q^{(n)}$ hervor, indem man zu jeder dreipunktigen Menge D von $Q^{(n)}$, die nicht in einer Ebene enthalten ist, einen Punkt p_D hinzufügt und die Punktmenge $D \cup \{p_D\}$ als Ebenen von $Q^{(n+1)}$ auszeichnet. Mit der Vereinigung aller $Q^{(n)}$ erhält man offenbar ein Quadrupelsystem $\hat{Q}$, in das Q eingebettet ist. Eine Punktmenge R von $\hat{Q}$ wird Teilraum genannt, wenn R alle Ebenen enthält, die drei Punkte mit R gemein haben. Es ist leicht zu sehen, dass die Teilräume von $\hat{Q}$ eine pseudoaffine Geometrie $\Gamma(\hat{Q})$ bilden, deren Unterebenen alle zu der kleinsten affinen Ebene isomorph sind. Ist Q eine Punktmenge der Mächtigkeit κ ohne ausgezeichnete Ebenen, dann hat $\Gamma(\hat{Q})$ den Rang κ und ist nichtdesarguessch. WITT hat in [37] sogar endliche Quadrupelsysteme angegeben, deren Mächtigkeit keine Zweierpotenz ist (z.B. 10); demnach hat man auch endliche, pseudoaffine Geometrien, die nichtaffin bzw. nichtdesarguessch sind.

Die pseudoaffinen Geometrien sind im allgemeinen keine "verallgemeinerten affinen Räume" im Sinne von SPERNER [31]. Zwar haben alle Geraden nach Hilfssatz 5.2 gleiche Mächtigkeit und man hat mit $\|$ eine geeignete reflexive, symmetrische (Hilfssatz 5.1!) Relation auf der Menge aller Geraden, doch braucht $\|$ nicht transitiv zu sein, wie man am Beispiel 5.3 sieht. Dass bei affin koordinatisierbaren, pseudoaffinen Geometrien die Relation $\parallel$ auch transitiv ist, soll als nächstes gezeigt werden.

Hilfssatz 5.4: Ist eine pseudoaffine Geometrie Γ bzgl. des schwachen Parallelismus Π affin koordinatiserbar und ist $\Delta(\Pi)$ transitiv, dann ist $\underline{\Pi}$ ein Geradenparallelismus und $\parallel$ stimmt mit $\underline{\Pi}$ überein.

Beweis: Da Γ nach Hilfssatz 5.1 (A_2) genügt, erhält man aus Satz 4.11(1), dass Π ein Parallelismus ist. Damit folgt wegen (A_2), dass $\underline{\Pi}$ ein Geradenparallelismus ist. $K\underline{\Pi}L$ hat somit $K\parallel L$ zur Folge. Geht man umgekehrt von $K\parallel L$ aus, so benutzt man, dass zu $p \in L$ eine Gerade L' mit $K\underline{\Pi}L'$ existiert. Da dann auch $K\parallel L'$ gilt, muss wegen (VIII) $L = L'$ sein. Folglich ist $K\underline{\Pi}L$.

Satz 5.5: Für eine affin koordinatisierbare, pseudoaffine Geometrie Γ gilt:

(1) $\parallel$ ist ein Geradenparallelismus.

(2) Γ ist bzgl. $\parallel$ affin koordinatiserbar.

(3) $\Delta(\parallel)$ operiert transitiv auf der Punktmenge von Γ.

Beweis: Π sei ein schwacher Parallelismus, bezüglich dessen Γ affin koordinatiserbar ist. Ist $\Delta(\Pi)$ transitiv, dann stimmt nach Hilfssatz 5.4 $\parallel$ mit $\underline{\Pi}$ überein; daher ist $\parallel$ ein Geradenparallelismus, Γ bzgl. $\parallel$ affin koordinatisierbar und $\Delta(\parallel)$ transitiv. Ist $\Delta(\Pi)$ nicht transitiv, dann gibt es in Γ zwei Punkte p und q, so dass für alle $\delta \in \Delta(\Pi)$ weder $\delta p = q$ noch $\delta q = p$ gilt. Folglich ist $[p,q] = \{p,q\}$. In Γ haben somit nach Hilfssatz 5.2 alle Geraden die Mächtigkeit 2 und alle Ebenen die Mächtigkeit 4. Da also in einer von drei Punkten erzeugten Ebene stets noch ein vierter Punkt existiert, müssen wenigstens zwei der drei Punkte in demselben Transitivitätsgebiet von $\Delta(\Pi)$ liegen. Damit hat man, dass $\Delta(\Pi)$ genau zwei Transitivitätsgebiete besitzt. Nach Satz 4.11(2) gibt es zu zwei Punkten p und q, die in demselben Transitivitätsgebiet liegen, genau eine Translation $\tau_{pq} \in \Delta(\Pi)$ mit $\tau_{pq}p = q$. Das wird dazu ausgenutzt, um die Transitivität von $\parallel$ nachzuweisen. Sei $[p,q] \parallel [r,s]$ und $[r,s] \parallel [t,$ Ist $[p,q]$ in einem Transitivitätsgebiet enthalten, dann ist $\tau_{pq}r = s$; entsprechend hat man $\tau_{rs}t = u$ (beachte, dass eine Ebene aus vier und eine Gerade aus zwei Punkten besteht). Wegen $\tau_{pq} = \tau_{rs}$ folgt $[p,q] \parallel [t,u]$. Ist $[p,q]$ nicht in einem Transitivitätsgebiet enthalten, so liegen o.B.d.A. p und r in demselben Transitivitätsgebiet. Dann folgt $\tau_{pr}q = s$; entsprechend hat man o.B.d.A. $\tau_{rt}s = u$. Wegen $\tau_{rt}\tau_{pr} = \tau_{pt}$ ist also $\tau_{pt}q = u$, was wieder $[p,q] \parallel [t,u]$ ergibt. Damit ist $\parallel$ als Geradenparallelismus nachgewiesen. Da $K \underline{\Pi} L$ stets $K \parallel L$ zur Folge hat, ist jede $\underline{\Pi}$-Dilatation eine $\parallel$-Dilatation, weshalb Γ auch bzgl. $\parallel$ affin koordinatisierbar ist. Um die Transitivität von $\Delta(\parallel)$ zu zeigen, muss für zwei beliebige Punkte p und q, die nicht in demselben Transitivitätsgebiet von $\Delta(\Pi)$ enthalten sind, ein $\delta \in \Delta(\parallel)$ mit $\delta p = q$ gefunden werden. Durch $\delta\tau p := \tau q$ und $\delta\tau q := \tau p$ für alle $\tau \in \Delta(\Pi)$ wird eine Abbildung δ von Γ auf sich definiert, für die $\delta p = q$ gilt. δ vertauscht jeweils die Geraden $[\tau_1 p, \tau_2 p]$ und $[\tau_1 q, \tau_2 q]$. Wegen $\tau_2 p = (\tau_2\tau_1^{-1})\tau_1 p$ und $\tau_2 q = (\tau_2\tau_1^{-1})\tau_1 q$ ist $\{\tau_1 p, \tau_2 p, \tau_1 q, \tau_2 q\}$ eine Ebene, was $[\tau_1 p, \tau_2 p] \parallel [\tau_1 q, \tau_2 q]$ zur Folge hat. Ebenso vertauscht δ die Geraden $[\tau_1 p, \tau_2 q]$ und $[\tau_1 q, \tau_2 p]$, für die $[\tau_1 p, \tau_2 q] \parallel [\tau_1 q, \tau_2 p]$ gilt. Damit ist gezeigt, dass δ ein $\parallel$-Dilatation ist.

<u>Hilfssatz 5.6:</u> Ist eine pseudoaffine Geometrie vom Rang grösser als 2 bzgl. Π affin koordinatisierbar, dann ist jede nicht konstante Π-Dilatation surjektiv.

Beweis: Ist $\Delta(\Pi)$ nicht transitiv, dann folgt die Behauptung sofort aus Satz 4.11(2). Ist $\Delta(\Pi)$ transitiv, dann ist nach Hilfssatz 5.4

eine nicht konstante Π-Dilatation δ auch eine ∥-Dilatation. Um zu zeigen, dass ein beliebiger Punkt p mit $\delta p \nparallel p$ im Bildbereich von δ liegt, betrachtet man die Gerade $[p,\delta p]$ und einen Punkt $q \notin [p,\delta p]$. Wegen (A_2) und Hilfssatz 4.3 ist auch $\delta q \notin [p,\delta p]$, weshalb $[p,\delta p] \nparallel [q,\delta q]$ gilt. Daraus folgt, dass die Parallele zu $[p,\delta q]$ durch q die Gerade $[p,\delta p]$ in einem Punkt r schneidet. Wegen $r \in [p,\delta p]$ ist $\delta r \in [p,\delta p]$ und wegen $[r,q] \parallel [p,\delta q]$ ist $\delta r \in [p,\delta q]$. Nach (A_2) muss somit $\delta r = p$ sein. δ ist demnach surjektiv.

Satz 5.7: Für eine affin koordinatisierbare, pseudoaffine Geometrie Γ vom Rang grösser als 2 ist $\Delta(\parallel)$ eine Gruppe, die transitiv auf der Punktmenge von Γ operiert.

Beweis: Nach Satz 5.5 ist $\Delta(\parallel)$ transitiv und Γ bzgl. ∥ affin koordinatisierbar. Deshalb ist nach Hilfssatz 5.6 jedes $\delta \in \Delta(\parallel)$ surjektiv. Da nach Hilfssatz 5.1 (A_2) in Γ gilt, erhält man aus Hilfssatz 4.3, dass jedes $\delta \in \Delta(\parallel)$ eineindeutig ist. Somit ist jedes $\delta \in \Delta(\parallel)$ umkehrbar, und die Umkehrung von δ ist wieder eine nicht konstante ∥-Dilatation. Da man nach Satz 4.7 mit $\Delta(\parallel)$ schon eine Halbgruppe hat, ist $\Delta(\parallel)$ sogar eine Gruppe.

Die bisherigen Ergebnisse dieses Abschnittes lassen sich dazu benutzen, bei (pseudo-)affinen Geometrien die Bedingungen für die affine Koordinatisierbarkeit (Satz 3.5) zu verschärfen.

Satz 5.8: Eine pseudoaffine Geometrie Γ ist genau dann affin koordinatisierbar, wenn Γ Axiom (VI) genügt, ∥ transitiv ist und aus $p \in [q,r]$ stets $p \equiv q(\mathrm{mod}\{q,r\};\Delta(\parallel))$ folgt.

Beweis: Ist Γ affin koordinatisierbar, so liest man die angegebenen Eigenschaften direkt an Satz 3.5 und Satz 5.5(1) ab. Die Umkehrung folgt sofort aus Satz 3.5, wenn man nur zeigt, dass $p \in [p,r,s]$

stets $p \equiv q(\mathrm{mod}\{q,r,s\};\Delta(\|))$ nach sich zieht; dabei kann vorausgesetzt werden, dass $[q,r,s]$ eine Ebene ist und p in keiner der Geraden $[q,r]$, $[q,s]$ und $[r,s]$ liegt.

<u>1. Fall:</u> $|[q,s]| > 2$. Es gibt zu der Geraden L mit $[q,r]\|L$ und $p \in L$ einen Punkt $t \in [q,s]$ mit $t \notin L$ und $q \neq t$. Die Geraden $[q,s]$ und $[r,t]$ schneiden L in zwei verschiedenen Punkten p_1 und p_2 , so dass wegen (A_2) $p \in L = [p_1,p_2]$ gilt. Man hat somit $p \equiv p_1(\mathrm{mod}\{p_1,p_2\};\Delta(\|))$. Wegen $p_1 \equiv q(\mathrm{mod}\{q,s\};\Delta(\|))$, $p_2 \equiv r(\mathrm{mod}\{r,t\};\Delta(\|))$ und $t \equiv q(\mathrm{mod}\{q,s\};\Delta(\|))$ folgt nach Hilfssatz 1.3 $p \equiv q(\mathrm{mod}\{q,r,s\};\Delta(\|))$.

<u>2. Fall:</u> $|[q,s]| = 2$. Nach Hilfssatz 5.2 haben alle Geraden die Mächigkeit 2 und alle Ebenen die Mächtigkeit 4 . Für jedes $t \notin [q,r]$ bezeichne δt den vierten Punkt in der Ebene, die von den drei Punkten q,r und t erzeugt wird (Hilfssatz 5.1!). Setzt man noch $\delta q := r$ und $\delta r := q$, so hat man mit δ eine Abbildung von Γ in sich. Für zwei Punkte $t_1 \neq t_2$ ist wegen (A_3) $\delta t_1 \neq \delta t_2$. Aus $[t_1,\delta t_1]\|[q,r]$ und $[q,r]\|[t_2,\delta t_2]$ folgt ferner $[t_1,\delta t_1]\|[t_2,\delta t_2]$, denn $\|$ ist nach Voraussetzung transitiv. Somit bilden die Punkte $t_1,t_2,\delta t_1$ und δt_2 eine Ebene in Γ , weshalb $[t_1,t_2]\|[\delta t_1,\delta t_2]$ gilt. Das zeigt, dass δ sogar eine $\|$-Dilatation von Γ ist. Aus $\delta r = q$ und $\delta s = p$ erhält man nun unmittelbar $p \equiv q(\mathrm{mod}\{q,r,s\};\Delta(\|))$, was zu beweisen war.

<u>Satz 5.9:</u> Für eine affine Geometrie Γ sind folgende Bedingungen äquivalent:

(a) Γ ist affin koordinatisierbar.

(b) In Γ folgt aus $p \in [q,r]$ stets $p \equiv q(\mathrm{mod}\{q,r\};\Delta(\|))$.

(c) Für beliebige Punkte p und q in Γ operiert die Halbgruppe, die von allen $\delta \in \Delta(\|)$ mit $\delta p = q$ oder $\delta q = p$ erzeugt wird, transitiv auf $[p,q]$.

Beweis: Die Äquivalenz von (a) und (b) folgt direkt aus Satz 5.8, da in einer affinen Geometrie immer das Axiom (VI) gilt und $\|$ transitiv ist (Axiom (VIII!)). (a) $\Longrightarrow$ (c): Sei $r \varepsilon [p,q]$ und bezeichne Δ_{pq} die Unterhalbgruppe von $\Delta(\|)$, die von allen $\delta \varepsilon \Delta(\|)$ mit $\delta p = q$ oder $\delta q = p$ erzeugt wird. Nach (b) existieren $\delta_o, \ldots, \delta_n \varepsilon \Delta(\|)$ mit $r \varepsilon \delta_n\{p,q\}$, $\delta_o = 1$ und $\delta_{i-1}\{p,q\} \cap \delta_i\{p,q\} \neq \emptyset$ $(1 \leq i \leq n)$. Durch Induktion lässt sich beweisen, dass alle δ_i - also auch δ_n - in Δ_{pq} liegen: Da nach Satz 5.7 $\Delta(\|)$ eine Gruppe ist, hat man mit Δ_{pq} sogar eine Untergruppe von $\Delta(\|)$. Somit ist $\delta_o = 1 \varepsilon \Delta_{pq}$. Nun werde vorausgesetzt, dass für ein gewisses $i < n$ schon $\delta_i \varepsilon \Delta_{pq}$ nachgewiesen ist. Falls $\delta_i p = \delta_{i+1} q$ ist, hat man mit $\delta_i^{-1}\delta_{i+1}$ eine Dilatation aus Δ_{pq}. Folglich ist $\delta_{i+1} = \delta_i(\delta_i^{-1}\delta_{i+1}) \varepsilon \Delta_{pq}$. Für $\delta_i q = \delta_{i+1} p$ erhält man analog $\delta_{i+1} \varepsilon \Delta_{pq}$. Ist $\delta_i p = \delta_{i+1} p$, dann wähle man ein $\gamma \varepsilon \Delta(\|)$ mit $\gamma p = q$, was wegen Satz 5.5(3) möglich ist. Da γ^{-1}, δ_i und $\gamma\delta_i^{-1}\delta_{i+1}$ in Δ_{pq} liegen, gilt $\delta_{i+1} = \delta_i\gamma^{-1}(\gamma\delta_i^{-1}\delta_{i+1}) \varepsilon \Delta_{pq}$. Für $\delta_i q = \delta_{i+1} q$ erhält man analog $\delta_{i+1} \varepsilon \Delta_{pq}$. Damit ist der Induktionsschluss bewiesen.
$r \varepsilon \delta_n\{p,q\}$, $\delta_n \varepsilon \Delta_{pq}$ und die Transitivität von $\Delta(\|)$ haben zur Folge, dass ein $\delta \varepsilon \Delta_{pq}$ mit $\delta p = r$ existiert. Damit ergibt sich - da Δ_{pq} eine Gruppe ist - , dass Δ_{pq} transitiv auf $[p,q]$ operiert.
(c) $\Longrightarrow$ (b): $\Delta_{pq}^{(n)}$ bezeichne die Menge aller Produkte aus höchstens n $\|$-Dilatationen δ mit $\delta p = q$ oder $\delta q = p$. Da Δ_{pq} die Vereinigung aller $\Delta_{pq}^{(n)}$ ist, folgt (b) aus (c), wenn man zeigt, dass für beliebiges n und $\delta \varepsilon \Delta_{pq}^{(n)}$ stets $\delta p \equiv p(\mathrm{mod}\{p,q\};\Delta(\|))$ ist. Das soll durch Induktion über n bewiesen werden: $\delta \varepsilon \Delta_{pq}^{(1)}$ ergibt sofort $\delta p \equiv p(\mathrm{mod}\{p,q\};\Delta(\|))$. Nun sei für ein gewisses n schon nachgewiesen, dass aus $\delta \varepsilon \Delta_{pq}^{(n)}$ stets $\delta p \equiv p(\mathrm{mod}\{p,q\};\Delta(\|))$ folgt. Zu $\delta \varepsilon \Delta_{pq}^{(n+1)}$ mit $\delta \notin \Delta_{pq}^{(n)}$ gibt es $\delta_1 \varepsilon \Delta_{pq}^{(1)}$ und $\delta_n \varepsilon \Delta_{pq}^{(n)}$ mit $\delta = \delta_1\delta_n$. Wegen $\delta_n p \equiv p(\mathrm{mod}\{p,q\};\Delta(\|))$ ist $\delta p \equiv \delta_1 p(\mathrm{mod}\{p,q\};\Delta(\|))$, was wegen $\delta_1 p \equiv p(\mathrm{mod}\{p,q\};\Delta(\|))$ die gewünschte Beziehung $\delta p \equiv p(\mathrm{mod}\{p,q\};\Delta(\|))$

liefert. Zum Beweis der Äquivalenz von (b) und (c) wurde nur benutzt, dass Γ eine pseudoaffine Geometrie ist; man kann daher in Satz 5.8 die Bedingung 5.9(b) auch durch 5.9(c) ersetzen.

Könnte man im Satz 5.9 an Stelle der Bedingung (c) schärfer beweisen, dass die nicht konstanten $\|$-Dilatationen mit p als Fixpunkt transitiv auf $[p,q] - \{p\}$ operieren, so hätte man die Gültigkeit des Satzes von Desargues in jeder affin koordinatisierbaren, affinen Geometrie, was die Sonderstellung der Vektorräume erneut bestätigen würde. Leider muss die Frage unbeantwortet bleiben, ob jede affine Kongruenzklassengeometrie desarguessch ist. Es ist noch nicht einmal ein Beispiel einer pseudoaffinen Kongruenzklassengeometrie bekannt, die nichtdesarguessch oder nichtaffin ist. Im sechsten und siebten Abschnitt werden allgemeine Methoden entwickelt, mit denen sich zeigen lässt, dass eine pseudoaffine Kongruenzklassengeometrie mit genügend vielen Translationen affin und desarguessch ist (Satz 7.11 und Satz 7.12). Daraus ergibt sich z.B., dass die endlichen, affinen Kongruenzklassengeometrien desarguessch sind; das wurde schon 1967 auf der Tagung über "Grundlagen der Geometrie" (Oberwolfach) von Chr. HERING und H. LÜNEBURG in einem Gespräch mit dem Autor durch gruppentheoretische Methoden (ausgehend von der Bedingung 5.9(c)) bewiesen.

6. Rahmenaussagen und primitive Klassen

Häufig ergeben sich Vereinfachungen und prägnantere Resultate, wenn man nicht die Klasse $\mathfrak{C}$ aller Algebren mit einer gegebenen Eigenschaft charakterisiert, sondern die primitiven Unterklassen von $\mathfrak{C}$. MAL'CEV hat das in [22] überzeugend demonstriert. Seine Methoden und Ergebnisse haben Arbeiten von PIXLEY, JÓNSSON, DAY und GRÄTZER ([26], [16], [7], [10]) angeregt, in denen speziell Eigenschaften von Kongruenzrelationen betrachtet werden (vertauschbar und distributiv, distributiv, modular, regulär). Es liegt nun nahe, auch Eigenschaften der Kongruenzklassen bzw. der Kongruenzklassengeometrien in diesem Sinne zu untersuchen. Das soll in diesem und dem folgenden Abschnitt geschehen. Zunächst wird dazu ein allgemeines geometrisch - algebraisches Satzschema für "Sätze vom Mal cev Typ" aufgestellt, aus dem sich dann alle weiteren Resultate ableiten lassen. Den Ausgangspunkt dafür bildet folgender Satz, der sich leicht mit Ergebnissen des zweiten und dritten Abschnittes beweisen lässt.

Satz 6.1: Für eine primitive Klasse $\mathfrak{U}$ sind folgende Bedingungen äquivalent:

(a) Die Kongruenzklassengeometrie jeder Algebra aus $\mathfrak{U}$ genügt der allgemeinen Rahmenaussage (R).

(b) Die spezielle Rahmenaussage $(R;e_1,\dots,e_{g(R)})$ gilt in $\Gamma(F(g(R),\mathfrak{U}))$.

Beweis: Aus (a) folgt unmittelbar (b). Ist $\mathbf{A}\in\mathfrak{U}$, dann gibt es zu einer beliebigen Elementefolge $(a_1,\dots,a_{g(R)})$ aus $\mathbf{A}$ einen Homomorphismus $\varphi: F(g(R),\mathfrak{U})\longrightarrow\mathbf{A}$ mit $\varphi e_i = a_i$ für $i = 1,\dots,g(R)$. Nach Satz 3.11 ist φ ein Geomorphismus von $\Gamma(F(g(R),\mathfrak{U}))$ in $\Gamma(\mathbf{A})$. Gilt daher $(R;e_1,\dots,e_{g(R)})$ in $\Gamma(F(g(R),\mathfrak{U}))$, so gilt nach Satz 2.7(1) $(R;a_1,\dots,a_{g(R)})$ in $\Gamma(\mathbf{A})$. Damit ist nachgewiesen, dass aus (b) auch (a) folgt.

Wie bei den bekannten "Sätzen vom Mal'cev Typ" soll der Bedingung (a) aus Satz 6.1 eine äquivalente Aussage über die Gültigkeit gewisser Gleichungen in $\mathfrak{A}$ gegenübergestellt werden. Auf welche Weise man aus der Bedingung (b) eine solche Aussage gewinnen kann, zeigt der folgende Zusatz:

<u>Zusatz 6.2:</u> Für eine primitive Klasse $\mathfrak{A}$ gilt in $\Gamma(F(n,\mathfrak{A}))$ genau dann

(1) $q \varepsilon \Pi(p_o|p_1,\ldots,p_{h_1};p_{h_1+1},\ldots,p_{h_2};\ldots;p_{h_{t-1}+1},\ldots,p_{h_t})$,

wenn $(n+1)$-stellige algebraische Operationen $\bar{r}_o,\ldots,\bar{r}_m$ von $\mathfrak{A}$ existieren, so dass für alle $1 \leq k \leq m$ und geeignete $0 \leq s_k < t$ sowie geeignete $h_{s_k} < i_k, j_k \leq h_{s_{k+1}}$ gilt

$$\bar{r}_o(p_{i_1},e_1,\ldots,e_n) = p_o \ ,$$
$$\bar{r}_{k-1}(p_{i_k},e_1,\ldots,e_n) = \bar{r}_k(p_{j_k},e_1,\ldots,e_n) \quad \text{und}$$
$$\bar{r}_m(p_{j_m},e_1,\ldots,e_n) = q \ ;$$

insbesondere gilt in $\Gamma(F(n,\mathfrak{A}))$ genau dann

(2) $q \varepsilon \Pi(p|e_1,\ldots,e_{h_1};e_{h_1+1},\ldots,e_{h_2};\ldots;e_{h_{t-1}+1},\ldots,e_{h_t})$,

wenn in $\mathfrak{A}$ die Gleichung $\bar{p}(x_1,\ldots,x_n) = \bar{q}(x_1,\ldots,x_n)$ für eine Variablenfolge $x_1,\ldots,x_n$ gilt, in der $x_i = x_j$ für $h_s < i,j \leq h_{s+1}$ ist.

Beweis: Nach Satz 1.4 gilt in $\Gamma(F(n,\mathfrak{A}))$ genau dann (1), wenn algebraische Operationen $\bar{f}_o,\ldots,\bar{f}_m$ von $\mathfrak{A}$ und Elemente $a_1^k,\ldots,a_{n_k}^k$ $(0 \leq k \leq m)$ von $F(n,\mathfrak{A})$ existieren, so dass $\bar{f}_{k-1}(p_{i_k},a_1^{k-1},\ldots,a_{n_{k-1}}^{k-1}) = \bar{f}_k(p_{j_k},a_1^k,\ldots,a_{n_k}^k)$ für $1 \leq k \leq m$ und geeignete $h_{s_k} < i_k, j_k \leq h_{s_k+1}$ sowie $\bar{f}_o(p_{i_1},a_1^o,\ldots,a_{n_o}^o) = p_o$ und $\bar{f}_m(p_{j_m},a_1^m,\ldots,a_{n_m}^m) = q$ gilt. Setzt man

$$\bar{r}_k(x_o,x_1,\ldots,x_n) := \bar{f}_k(x_o,\bar{a}_1^k(x_1,\ldots,x_n),\ldots,\bar{a}_{n_k}^k(x_1,\ldots,x_n)) \qquad (0 \leq k \leq m),$$

so ergibt sich daraus sofort die erste Behauptung des Zusatzes. Man gehe nun davon aus, dass (2) in $\Gamma(F(n,\mathfrak{A}))$ gilt. Ist $(a_1,\dots,a_n)$ eine beliebige Elementefolge aus $A \in \mathfrak{A}$, in der $a_i = a_j$ für $h_s < i,j \leq h_{s+1}$ ist, dann betrachte man den Homomorphismus $\varphi: F(n,\mathfrak{A}) \to A$ mit $\varphi e_k = a_k$ $(1 \leq k \leq n)$. Wegen (2) hat man $\varphi p = \varphi q$, was mit $\bar{p}(a_1,\dots,a_n) = \bar{q}(a_1,\dots,a_n)$ gleichbedeutend ist. Für die Umkehrung sehe man sich einen Homomorphismus $\varphi: F(n,\mathfrak{A}) \longrightarrow A$ mit $A \in \mathfrak{A}$ an, für den $\varphi e_i = \varphi e_j$ für $h_s < i,j \leq h_{s+1}$ ist. Wegen $\bar{p}(\varphi e_1,\dots,\varphi e_n) = \bar{q}(\varphi e_1,\dots,\varphi e_n)$ hat man $\varphi p = \varphi q$. Somit gilt (2) in $\Gamma(F(n,\mathfrak{A}))$.

Mit Hilfe von Zusatz 6.2 kann man die spezielle Rahmenaussage $(R;e_1,\dots,e_{g(R)})$ in eine Aussage $A(R)$ über die Gültigkeit gewisser Gleichungen in $\mathfrak{A}$ umformen. Für jede allgemeine Rahmenaussage (R) ergibt somit Satz 6.1 und Zusatz 6.2 folgende Äquivalenz: Für alle $A \in \mathfrak{A}$ genügt $\Gamma(A)$ genau dann (R), wenn $A(R)$ in $\mathfrak{A}$ gilt. Wie sich dieses Satzschema in speziellen Fällen konkretisiert, soll im weiteren an einigen Beispielen veranschaulicht werden.

Der historischen Entwicklung folgend soll zunächst das schon klassische Theorem 4 aus MAL'CEV [22] über die Vertauschbarkeit von Kongruenzrelationen abgeleitet werden (Zwei Kongruenzrelationen Θ und Φ heissen vertauschbar, wenn $\Theta \circ \Phi = \Phi \circ \Theta$ ist; dabei steht die Operation $\circ$ für das Relationenprodukt). Um Satz 6.1 anwenden zu können, hat man geometrisch zu charakterisieren, wann die Kongruenzrelationen einer Algebra vertauschbar sind. Dazu dient das schon im ersten Abschnitt beschriebene Parallelogrammaxiom

(P_2) $\forall x_1 x_2 x_3 \; \exists y (y \in \Pi(x_3 | x_1,x_2) \wedge y \in \Pi(x_1 | x_2,x_3))$.

Hilfssatz 6.3: Die Kongruenzrelationen einer Algebra $\mathbf{A}$ sind genau dann vertauschbar, wenn (P_2) in $\Gamma(\mathbf{A})$ gilt.

Beweis: Es sei vorausgesetzt, dass die Kongruenzrelationen von $\mathbf{A}$ vertauschbar sind. Für $a_1, a_2, a_3 \varepsilon A$ gilt dann $\Theta(a_1,a_2)\bullet\Theta(a_2,a_3) = \Theta(a_2,a_3)\bullet\Theta(a_1,a_2)$, also $(a_1,a_3) \varepsilon \Theta(a_2,a_3)\bullet\Theta(a_1,a_2)$. Deshalb existiert ein $b \varepsilon A$ mit $(a_1,b) \varepsilon \Theta(a_2,a_3)$ und $(b,a_3) \varepsilon \Theta(a_1,a_2)$, was gleichbedeutend mit $b \varepsilon \Pi(a_1|a_2,a_3)$ und $b \varepsilon \Pi(a_3|a_1,a_2)$ ist. Folglich gilt (P_2) in $\Gamma(\mathbf{A})$. Geht man davon aus, dass (P_2) in $\Gamma(\mathbf{A})$ gilt, dann hat man zu $(a_1,a_3) \varepsilon \Theta\bullet\Phi$ $(\Theta, \Phi \varepsilon \mathfrak{C}(\mathbf{A}))$ ein Element a_2 mit $(a_1,a_2) \varepsilon \Theta$ und $(a_2,a_3) \varepsilon \Phi$ sowie ein Element b mit $b \varepsilon \Pi(a_3|a_1,a_2)$ und $b \varepsilon \Pi(a_1|a_2,a_3)$. Daraus folgt $(a_1,a_3) \varepsilon \Phi\bullet\Theta$ und damit $\Theta\bullet\Phi = \Phi\bullet\Theta$.

Aus Satz 6.1, Zusatz 6.2(2) und Hilfssatz 6.3 liest man nun unmittelbar folgendes Ergebnis ab:

Satz 6.4(MAL'CEV): Für eine primitive Klasse $\mathfrak{A}$ sind folgende Bedingungen äquivalent:

(a) Die Kongruenzrelationen jeder Algebra aus $\mathfrak{A}$ sind vertauschbar.

(b) Für alle $\mathbf{A} \varepsilon \mathfrak{A}$ gilt (P_2) in $\Gamma(\mathbf{A})$.

(c) Es gibt eine 3-stellige, algebraische Operation $\bar{p}$ von $\mathfrak{A}$ mit

$$\bar{p}(x,x,z) = z \quad \text{und} \quad \bar{p}(x,z,z) = x \ .$$

Als Beispiel einer Aussage über Kongruenzklassen soll der <u>chinesische Restsatz</u> gewählt werden. Dieser kann für eine allgemeine Algebra folgendermassen formuliert werden: Jede endliche Menge von Kongruenzklassen, von denen je zwei nicht leeren Durchschnitt haben, hat ebenfalls nicht leeren Durchschnitt; d.h. zu Kongruenzklassen $K_o,\ldots,K_n$ mit $a_{ij}\varepsilon K_i\cap K_j$ $(0\leq i<j\leq n)$ gibt es stets ein $b\varepsilon\bigcap(K_i|0\leq i\leq n)$ - es genügt natürlich, diese Bedingung nur für $K_k=[\{a_{ij}|i=k \text{ oder } j=k\}]$ $(0\leq k\leq n)$ zu fordern. Damit wird man zu folgender allgemeiner Rahmenaussage geführt:

$$(CH_n)\quad \forall x_{ij}(0\leq i<j\leq n)\exists y(\bigwedge_{0\leq k\leq n} y\varepsilon[\{x_{ij}|i=k \text{ oder } j=k\}])$$

Wie man sieht, genügt eine Algebra $\mathbf{A}$ genau dann dem chinesischen Restsatz, wenn (CH_n) in $\Gamma(\mathbf{A})$ für $n=2,3,\ldots$ gilt.

<u>Hilfssatz 6.5:</u> Eine Algebra $\mathbf{A}$ genügt genau dann dem chinesischen Restsatz, wenn (CH_2) in $\Gamma(\mathbf{A})$ gilt.

Beweis: Nach den vorangehenden Bemerkungen bleibt noch zu zeigen, dass mit (CH_2) auch (CH_n) für alle $n\geq 2$ in $\Gamma(\mathbf{A})$ gilt. Dazu werde angenommen, dass die Gültigkeit von (CH_{n-1}) schon bewiesen ist $(n>2)$. Zu a_{ij} $(0\leq i,j\leq n)$ existieren dann Elemente b_h $(0\leq h\leq n)$ mit $b_h\varepsilon[\{a_{ij}|i=k \text{ oder } j=k,\ i\neq h\neq j\}]$ für $0\leq k\leq n$ und $h\neq k$. Setze $b_{oj}:=b_j$ für $1\leq j\leq n-1$ und $b_{ij}:=b_n$ für $1\leq i<j\leq n-1$. Wieder auf Grund von (CH_{n-1}) gibt es ein c mit $c\varepsilon[b_1,\ldots,b_{n-1}]$ und $c\varepsilon[b_j,b_n]$ $(1\leq j\leq n-1)$. Da $b_h\varepsilon[\{a_{ij}|i=k \text{ oder } j=k\}]$ für $0\leq h,k\leq n$ und $h\neq k$ ist, folgt $c\varepsilon[\{a_{ij}|i=k \text{ oder } j=k\}]$ für $0\leq k\leq n$.

Um den "Satz vom Mal'cev Typ" für den chinesischen Restsatz leichter aus Satz 6.1, Zusatz 6.2 und Hilfssatz 6.5 ableiten zu können, soll die allgemeine Rahmenaussage (CH_2) noch einmal in geeigneter Form aufgeführt werden:

(CH_2) $\forall x_1 x_2 x_3 \exists y (y \in [x_1,x_2] \wedge y \in [x_1,x_3] \wedge y \in [x_2,x_3])$

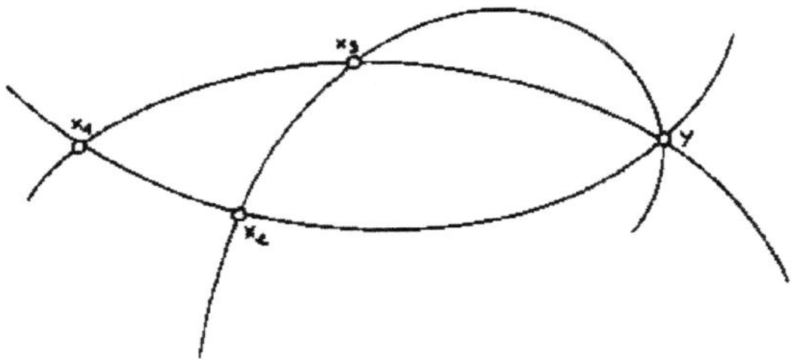

Nach diesen Vorbereitungen erhält man - beachtet man nur, dass $y \in [x_i,x_j]$ gleichbedeutend mit $y \in \Pi(x_i|x_i,x_j)$ ist - folgendes Ergebnis:

<u>Satz 6.6:</u> Für eine primitive Klasse $\mathfrak{A}$ sind folgende Bedingungen äquivalent:

(a) Jede Algebra aus $\mathfrak{A}$ genügt dem chinesischen Restsatz.

(b) Für alle $A \in \mathfrak{A}$ gilt (CH_2) in $\Gamma(A)$.

(c) Es gibt eine 3-stellige, algebraische Operation $\bar{p}$ von $\mathfrak{A}$ mit $\bar{p}(x,x,z) = \bar{p}(x,z,x) = \bar{p}(z,x,x) = x$.

Die Bedingung 6.6(c) tritt zum erstenmal in PIXLEY [26] auf, wo gezeigt wird (Theorem 2), dass aus 6.6(c) die Distributivität von $\mathfrak{C}(A)$ für alle $A \in \mathfrak{A}$ folgt. Mit diesem Resultat erhält man aus Satz 6.6, dass $\mathfrak{C}(A)$ für alle $A \in \mathfrak{A}$ distributiv ist, falls in allen $A \in \mathfrak{A}$ der chinesischen Restsatz gilt.

<u>Beispiel 6.7:</u> Satz 6.6 lässt sich auf die primitive Klasse $\mathfrak{V}$ aller Verbände anwenden. Definiert man $\bar{p}(x,y,z) := (x \wedge y) \vee (x \wedge z) \vee (y \wedge z)$ so bekommt man eine 3-stellige, algebraische Operation $\bar{p}$ von $\mathfrak{V}$,

für die man leicht die Gleichungen in der Bedingung 6.6(c) nachweist. Demnach genügen die Verbände dem chinesischen Restsatz (PIXLEY hat in [26] auf entsprechende Weise einen Beweis dafür gegeben, dass die Kongruenzrelationenverbände von Verbänden distributiv sind).

Der PIXLEYsche "Satz vom Mal'cev Typ" ([26]) ergibt sich sofort aus Satz 6.4 und Satz 6.6, wenn man noch den nachstehenden Hilfssatz benutzt, der die bekannte Charakterisierung arithmetischer Ringe durch den chinesischen Restsatz (s. ZARISKI - SAMUEL [38], Theorem V. 18) verallgemeinert (vgl. GRÄTZER [9], S. 221, Ex. 68).

Hilfssatz 6.8: Ist A eine Algebra mit vertauschbaren Kongruenzrelationen, so ist $\mathfrak{C}(A)$ genau dann distributiv, wenn A dem chinesischen Restsatz genügt.

Beweis: Ist $\mathfrak{C}(A)$ distributiv, dann gilt für $a_1, a_2, a_3 \varepsilon A$

$$(a_1,a_3) \varepsilon \Theta(a_1,a_3) \wedge (\Theta(a_1,a_2) \vee \Theta(a_2,a_3)) = (\Theta(a_1,a_3) \wedge \Theta(a_1,a_2)) \vee (\Theta(a_1,a_3) \wedge \Theta(a_2,a_3)) .$$

Da bei vertauschbaren Kongruenzrelationen die Verbindung mit dem Relationenprodukt zusammenfällt, existiert ein $b \varepsilon A$ mit $(a_1,b) \varepsilon \Theta(a_1,a_2)$, $(a_1,b) \varepsilon \Theta(a_1,a_3)$ und $(b,a_3) \varepsilon \Theta(a_2,a_3)$, was gleichbedeutend mit $b \varepsilon [a_1,a_2]$, $b \varepsilon [a_1,a_3]$ und $b \varepsilon [a_2,a_3]$ ist. Das zeigt, dass (CH_2) in $\Gamma(A)$ gilt. Nach Hilfssatz 6.5 genügt A dann dem chinesischen Restsatz. Für den Beweis der Umkehrung betrachte man $\Theta, \Phi, \Omega \varepsilon \mathfrak{C}(A)$. Ist $(a_1,a_3) \varepsilon \Theta \wedge (\Phi \vee \Omega)$, dann ist $(a_1,a_3) \varepsilon \Theta$ und $(a_1,a_3) \varepsilon \Phi \vee \Omega$. Wegen $\Phi \vee \Omega = \Phi \circ \Omega$ gibt es ein Element a_2 mit $(a_1,a_2) \varepsilon \Phi$ und $(a_2,a_3) \varepsilon \Omega$. Nach dem chinesischen Restsatz existiert zudem ein $b \varepsilon A$ mit $b \varepsilon [a_1,a_2] \cap [a_1,a_3] \cap [a_2,a_3]$. Es folgt $(a_1,b) \varepsilon \Theta \wedge \Phi$ und $(b,a_3) \varepsilon \Theta \wedge \Omega$, also $(a_1,a_3) \varepsilon (\Theta \wedge \Phi) \vee (\Theta \wedge \Omega)$. Demnach gilt $\Theta \wedge (\Phi \vee \Omega) = (\Theta \wedge \Phi) \vee (\Theta \wedge \Omega)$, d.h. $\mathfrak{C}(A)$ ist distributiv.

<u>Satz 6.9 (PIXLEY):</u> Für eine primitive Klasse $\mathfrak{A}$ sind folgende Bedingungen äquivalent:

(a) Die Kongruenzrelationen jeder Algebra A aus $\mathfrak{A}$ sind vertauschbar und $\mathfrak{C}(A)$ ist distributiv.

(b) Für alle $A \in \mathfrak{A}$ gilt (P_2) und (CH_2) in $\Gamma(A)$.

(c) Es gibt 3-stellige, algebraische Operationen $\bar{p}$ und $\bar{q}$ von $\mathfrak{A}$ mit

$\bar{p}(x,x,z) = z$, $\bar{p}(x,z,z) = x$ und

$\bar{q}(x,x,z) = \bar{q}(x,z,x) = \bar{q}(z,x,x) = x$.

Als nächste Anwendung von Satz 6.1 und Zusatz 6.2 soll dem GRÄTZERschen Satz für die Regularität ([10]) eine vereinfachte Fassung gegenübergestellt werden. Dafür wird zunächst das Lemma 1 aus GRÄTZER [10] in geometrischer Formulierung bewiesen, wozu die folgendermassen definierten Rahmenaussagen (R_n) $(n = 1,2,\ldots)$ gebraucht werden:

$$(R_n) \quad \forall x_1 x_2 y_o \exists y_1 \ldots y_n (x_2 \in \Pi(x_1 | y_o, \ldots, y_n) \wedge \bigwedge_{1 \leq i \leq n} y_i \in \Pi(y_o | x_1, x_2)) .$$

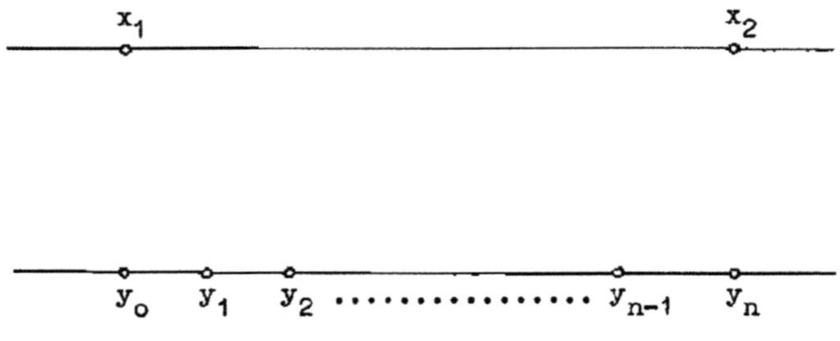

<u>Hilfssatz 6.10:</u> Eine Algebra A ist genau dann regulär, wenn zu je drei Elementen $a_1, a_2, b_o \in A$ eine natürliche Zahl n existiert, so dass die spezielle Rahmenaussage $(R_n; a_1, a_2, b_o)$ in $\Gamma(A)$ gilt.

Beweis: Sei A regulär und $a_1, a_2, b_o \varepsilon A$. Dann ist $\Theta(a_1,a_2) = \Theta([b_o]\Theta(a_1,a_2))$. Nach Satz 1.4 existieren deshalb $b_1,\dots,b_n \varepsilon [b_o]\Theta(a_1,a_2)$ mit $(a_1,a_2) \varepsilon \Theta(b_o,\dots,b_n)$. Das bedeutet gerade, dass $(R_n; a_1,a_2,b_o)$ in $\Gamma(A)$ gilt. Die Umkehrung ist bewiesen, wenn für $\Phi \varepsilon \mathfrak{C}(A)$ und $b_o \varepsilon A$ stets $\Phi \subseteq \Theta([b_o]\Phi)$ gezeigt werden kann. Sei $(a_1,a_2) \varepsilon \Phi$. Dann existiert eine natürliche Zahl n, für die $(R_n; a_1,a_2,b_o)$ in $\Gamma(A)$ gilt. Es gibt deshalb $b_1,\dots,b_n \varepsilon [b_o]\Theta(a_1,a_2) \subseteq [b_o]\Phi$ mit $(a_1,a_2) \varepsilon \Theta(b_o,\dots,b_n)$. Folglich ist $(a_1,a_2) \varepsilon \Theta([b_o]\Phi)$, also $\Phi \subseteq \Theta([b_o]\Phi)$.

Satz 6.11: Für eine primitive Klasse $\mathfrak{U}$ sind folgende Bedingungen äquivalent:

(a) Jede Algebra aus $\mathfrak{U}$ ist regulär.

(b) Es gibt eine natürliche Zahl n, so dass (R_n) in $\Gamma(A)$ für alle $A \varepsilon \mathfrak{U}$ gilt.

(c) Es gibt 3-stellige, algebraische Operationen $\bar{p}_i$ $(0 \leq i \leq n)$ und 4-stellige, algebraische Operationen $\bar{q}_k$ $(0 \leq k \leq m)$ von $\mathfrak{U}$, so dass für alle $1 \leq i \leq n$ sowie für alle $1 \leq k \leq m$ und geeignete $0 \leq i_k, j_k \leq n$ gilt

$$\bar{p}_o(x,y,z) = z,\ \bar{p}_i(x,x,z) = z,$$
$$\bar{q}_o(\bar{p}_{i_1}(x,y,z),x,y,z) = x,$$
$$\bar{q}_{k-1}(\bar{p}_{i_k}(x,y,z),x,y,z) = \bar{q}_k(\bar{p}_{j_k}(x,y,z),x,y,z) \quad \text{und}$$
$$\bar{q}_m(\bar{p}_{j_m}(x,y,z),x,y,z) = y.$$

Beweis: Gilt die Bedingung (a), so existiert nach Hilfssatz 6.10 eine natürliche Zahl n, so dass $(R_n; e_1,e_2,e_3)$ in $\Gamma(F(3,\mathfrak{U})$ gilt. Nach Satz 6.1 gilt dann die allgemeine Rahmenaussage (R_n) in $\Gamma(A)$ für alle $A \varepsilon \mathfrak{U}$, d.h. $\mathfrak{U}$ erfüllt die Bedingung (b). Dass umgekehrt (a) aus (b) folgt, bekommt man unmittelbar aus Hilfssatz 6.10. Die Äquivalenz von (b) und (c) ergibt sich direkt aus Satz 6.1 und Zusatz 6.2.

Beispiel 6.12: Man kann Quasigruppen, wie es MAL'CEV in [22] getan hat, als Algebren mit drei 2-stelligen Operationen $\circ$, $\backslash$ und / betrachten, für die

$$x\circ(x\backslash y) = y \ , \ x\backslash(x\circ y) = y \ , \ x/(y\backslash x) = y \ ,$$
$$(x/y)\circ y = x \ , \ (x\circ y)/y = x \ , \ (y/x)\backslash y = x$$

gilt. Die Quasigruppen bilden so eine primitive Klasse $\mathfrak{Q}$, auf die Satz 6.11 anwendbar ist. Definiere $\bar{p}_1(x,y,z) := x\circ(y\backslash z)$ und $\bar{q}_0(w,x,y,z) := (x\circ(y\backslash z))/(y\backslash w)$ in $\mathfrak{Q}$. Dann ist $\bar{p}_1(x,x,z) = z$, $\bar{q}_0(z,x,y,z) = x$ und $\bar{q}_0(\bar{p}_1(x,y,z),x,y,z) = y$. Das zeigt, dass die Bedingung (c) von Satz 6.11 in $\mathfrak{Q}$ erfüllt ist $(n = 1 , m = 0)$. Quasigruppen sind demnach regulär.

In [10] stellt GRÄTZER das Problem, ob es für jede Kongruenzrelationengleichung, die mit Schnitt ($\wedge$), Verbindung ($\vee$) und Relationenprodukt ($\circ$) formuliert ist, einen "Satz vom Mal'cev Typ" gibt. Da die Operationen $\wedge$ und $\vee$ zunächst nur für die Kongruenzrelationen einer Algebra A erklärt sind, definiere man zur Präzisierung des Problems $\wedge$ und $\vee$ auf der Menge $\mathfrak{R}(A)$ aller binären Relationen von A : für $\Phi,\Omega \in \mathfrak{R}(A)$ sei

$$\Phi \wedge \Omega := \Phi \cap \Omega \ , \ \Phi \vee \Omega := \bigcup(\underbrace{\Phi\circ\Omega\circ\Phi\circ\ldots}_{n\text{-mal}} \mid n = 1,2,3,\ldots) \ .$$

Im weiteren soll $\mathfrak{R}(A)$ stets als Algebra mit den drei 2-stelligen Operationen $\wedge,\vee$ und $\circ$ betrachtet werden. Eine (Un-)Gleichung U , die mit Variablen aus einer Variablenmenge C und mit den Operationen $\wedge,\vee$ und $\circ$ gebildet ist, soll <u>$\mathfrak{C}(\mathsf{A})$-gültig in $\mathfrak{R}(A)$</u> heissen, wenn U in $\mathfrak{R}(A)$ bei jeder Interpretation ι mit $\iota C \subseteq \mathfrak{C}(\mathsf{A})$ gilt. Will man das GRÄTZERsche Problem mit Hilfe von Satz 6.1 und Zusatz 6.2 lösen, stellt sich als erstes die Frage, ob sich die $\mathfrak{C}(\mathsf{A})$-Gültigkeit einer (Un-)Gleichung in $\mathfrak{R}(A)$ in der Geometrie $\Gamma(\mathsf{A})$ mit speziellen Rahmenaussagen charakterisieren lässt. Dieser Frage soll zunächst nachgegangen werden; dabei ist es formal einfacher, wenn man nur Ungleichungen betrachtet, was bzgl. des GRÄTZERschen Problems keine Einschränkung bedeutet.

Man gehe von zwei disjunkten abzählbaren Variablenmengen C und E aus, wovon E noch wohlgeordnet sein soll. Für einen Term ζ in Variablen aus C und in den Operationen $\wedge, \vee$ und $\circ$ werden im folgenden einige Umwandlungsverfahren angegeben. ζ^m bezeichne den Term, der aus ζ hervorgeht, indem man jeden Teilterm von ζ der Form $\zeta_1 \vee \zeta_2$ durch $\zeta_1 \circ (\zeta_2 \circ (\zeta_1 \circ \ldots))$ (m-mal) ersetzt. Mit ζ^m und einem Variablenpaar $(u,v) \varepsilon E^2$ verfahre man nach folgendem

<u>$(\zeta^m;u,v)$-Algorithmus:</u>

Schritt 0. Setze $\zeta_1 := \zeta^m$ und bilde $(u,v) \varepsilon \zeta_1$.

Schritt n. (a) Ist $(x,y) \varepsilon \zeta_n$ und $\zeta_n = \sigma \wedge \tau$, dann setze $\zeta_i := \sigma$ und $\zeta_{i+1} := \tau$ für die kleinste natürliche Zahl $i \neq 0$, die als Teiltermindex bisher noch nicht aufgetreten ist, und bilde $(x,y) \varepsilon \zeta_i$ sowie $(x,y) \varepsilon \zeta_{i+1}$.

(b) Ist $(x,z) \varepsilon \zeta_n$ und $\zeta_n = \sigma \circ \tau$, dann definiere ζ_i und ζ_{i+1} wie in (a) und bilde $(x,y) \varepsilon \zeta_i$ sowie $(y,z) \varepsilon \zeta_{i+1}$ für die kleinste Variable $y \varepsilon E$, die in einem Variablenpaar bisher noch nicht aufgetreten ist.

Für eine Variable χ in ζ bezeichne $E(\chi)$ die Menge aller Variablen $x,y \varepsilon E$, für die $(x,y) \varepsilon \chi$ mit dem $(\zeta^m;u,v)$-Algorithmus ableitbar ist. Die Variablenpaare (x,y) mit $(x,y) \varepsilon \chi$ erzeugen in $E(\chi)$ eine Äquivalenzrelation, deren Klassen $\{x_{11},\ldots,x_{1s_1}\},\ldots,\{x_{t1},\ldots,x_{ts_t}\}$ man sich als Teilfolgen von E lexikographisch angeordnet denke. Definiere

$$\chi_{(\zeta^m;u,v)} := \Theta(x_{11},\ldots,x_{1s_1};\ldots;x_{t1},\ldots,x_{ts_t}) .$$

Ist η ein beliebiger Term in den Operationen $\wedge, \vee$ und $\circ$, der dieselbe Variablenmenge wie ζ hat, dann bezeichne $\eta_{(\zeta^m;u,v)}$ den Term, der aus η hervorgeht, indem man jede Variable χ in η durch $\chi_{(\zeta^m;u,v)}$ ersetzt. $\eta^n{}_{(\zeta^m;u,v)}$ definiere man entsprechend wie ζ^m für jede natürliche Zahl n. Mit dieser Termumwandlung wird es möglich, die $\mathfrak{S}(\mathsf{A})$-Gültigkeit einer Ungleichung in $\mathfrak{R}(A)$ durch die Gültigkeit einer Aussage in der Algebra A zu charakterisieren, wobei man allerdings A zusammen mit dem Operator $\circledast$ zu betrachten hat.

<u>Hilfssatz 6.13:</u> ζ und η seien Terme in den Operationen $\wedge, \vee$ und $\bullet$ mit denselben Variablen aus C. Für eine Algebra A ist die Ungleichung $\zeta \subseteq \eta$ genau dann $\mathfrak{S}(\mathsf{A})$-gültig in $\mathfrak{R}(A)$, wenn für jede Interpretation ι in A und jede natürliche Zahl m eine natürliche Zahl n existiert, so dass $(\iota u, \iota v) \in \iota\eta^n_{(\zeta^m;u,v)}$ ist.

Beweis: Für eine Interpretation ι in A und eine natürliche Zahl m beweist man leicht durch Induktion über den Aufbau von $\zeta_{(\zeta^m;u,v)}$, dass $(\iota u, \iota v) \in \iota\zeta_{(\zeta^m;u,v)}$ gilt. Ist $\zeta \subseteq \eta$ $\mathfrak{S}(\mathsf{A})$-gültig in $\mathfrak{R}(A)$, dann hat man insbesondere $\iota\zeta_{(\zeta^m;u,v)} \subseteq \iota\eta_{(\zeta^m;u,v)}$ und damit $(\iota u, \iota v) \in \iota\eta_{(\zeta^m;u,v)}$. Wegen $\iota\eta_{(\zeta^m;u,v)} = \bigcup(\iota\eta^i{}_{(\zeta^m;u,v)} \mid i = 0,1,2,\ldots)$ existiert dann eine natürliche Zahl n mit $(\iota u, \iota v) \in \iota\eta^n{}_{(\zeta^m;u,v)}$. Zum Beweis der Umkehrung gehe man von einer Interpretation τ in $\mathfrak{R}(A)$ mit $\tau C \subseteq \mathfrak{S}(\mathsf{A})$ aus. Wähle $(a,b) \in \tau\zeta$. Dann gibt es eine natürliche Zahl m mit $(a,b) \in \tau\zeta^m$. Da τ die Operationen $\wedge$ und $\bullet$ in $\mathfrak{R}(A)$ als Schnitt und Relationenprodukt interpretiert, kann man eine Interpretation ι in A finden, so dass $\iota u = a$, $\iota v = b$ und $\iota\chi_{(\zeta^m;u,v)} \subseteq \tau\chi$ für alle Variablen χ in ζ gilt. Nach Voraussetzung folgt dann $(a,b) = (\iota u, \iota v) \in \iota\eta^n{}_{(\zeta^m;u,v)}$ für eine geeignete natürliche Zahl n, also $(a,b) \in \tau\eta$. Demnach ist die Ungleichung $\zeta \subseteq \eta$ $\mathfrak{S}(\mathsf{A})$-gültig in $\mathfrak{R}(A)$.

Nun sollen allgemeine Rahmenaussagen zu einer beliebigen Ungleichung $U = (\zeta \subseteq \eta)$ gebildet werden, wobei ζ und η wieder Terme in Variablen aus C und in den Operationen $\wedge,\vee$ und $\circ$ sind. Im Fall, dass ζ und η dieselbe Variablenmenge besitzen, kann man zu jedem Paar (m,n) natürlicher Zahlen unter Anwendung des $(\eta^{n}_{(\zeta^m;u,v)};u,v)$-Algorithmus (beim Schritt n.(b) soll die hinzukommende Variable auch von den Variablen verschieden sein, die in $\eta^{n}_{(\zeta^m;u,v)}$ in Ausdrücken der Form $\Theta(x_{11},\dots,x_{1s_1};\dots;x_{t1},\dots,x_{ts_t})$ auftreten) folgende Rahmenaussage gewinnen:

$$(U^m_n) \qquad \forall x_1\dots x_{i(U^m)}\ \exists y_1\dots y_j(\mu^m_n) \quad ;$$

dabei ist $(x_1,\dots,x_{i(U^m)})$ die Teilfolge von E, die aus allen in $\eta(\zeta^m;u,v)$ auftretenden Variablen besteht, $(y_1,\dots,y_j)$ die Teilfolge von E, die aus allen bei Anwendung des $(\eta^{n}_{(\zeta^m;u,v)};u,v)$-Algorithmus neu hinzukommenden Variablen besteht, und μ^m_n die Konjunktion aller Ausdrücke $y\in\Pi(x|x_{11},\dots,x_{1s_1};\dots;x_{t1},\dots,x_{ts_t})$, für die $(x,y)\in\Theta(x_{11},\dots,x_{1s_1};\dots;x_{t1},\dots,x_{ts_t})$ mit dem $(\eta^{n}_{(\zeta^m;u,v)};u,v)$-Algorithmus ableitbar ist. Haben ζ und η nicht dieselbe Variablenmenge, so formt man ζ und η folgendermassen um: Ersetze, falls $\chi_1,\dots,\chi_k$ die Variablen in η sind, die nicht in ζ auftreten, die erste Variable χ in ζ durch den Term $\chi\wedge(\chi\vee(\chi_1\vee(\dots\vee\chi_n)))$ und bezeichne den neu entstandenen Term mit $\bar{\zeta}$; analog bilde $\bar{\eta}$. Dann haben $\bar{\zeta}$ und $\bar{\eta}$ dieselben Variablenmengen, so dass für die Ungleichung $\bar{U} := (\bar{\zeta}\subseteq\bar{\eta})$ zu jedem Paar (m,n) natürlicher Zahlen die allgemeine Rahmenaussage $(\bar{U}^m_n)$ erklärt ist. Für jedes (m,n) kann man daher definieren $(U^m_n) := (\bar{U}^m_n)$ (sowie $i(U^m) := i(\bar{U}^m)$).

<u>Hilfssatz 6.14:</u> Für eine Algebra $\mathbf{A}$ ist die Ungleichung U genau dann $\mathfrak{S}(\mathbf{A})$-gültig in $\mathfrak{R}(A)$, wenn zu jeder natürlichen Zahl m und jeder Elementenfolge $(a_1,\dots,a_{i(U^m)})$ aus $\mathbf{A}$ eine natürliche Zahl n existiert, so dass die spezielle Rahmenaussage $(U^m_n;a_1,\dots,a_{i(U^m)})$ in $\Gamma(\mathbf{A})$ gilt.

Beweis: Da die $\mathfrak{S}(A)$-Gültigkeit von U gleichwertig mit der $\mathfrak{S}(A)$-Gültigkeit von $\bar{U}$ ist, braucht man nur Ungleichungen $U = (\zeta \subseteq \eta)$ zu betrachten, in denen ζ und η dieselbe Variablenmenge haben. Aus Hilfssatz 6.13 folgt somit Hilfssatz 6.14, wenn man zeigen kann, dass für jede Interpretation ι in A und jedes Paar (m,n) natürlicher Zahlen $(\iota u, \iota v) \varepsilon \eta^n(\zeta^m; u,v)$ äquivalent zu der Gültigkeit von $(U_n^m; \iota x_1, \ldots, \iota x_{i(U^m)})$ in $\Gamma(A)$ ist. Diese Äquivalenz weist man aber leicht durch Induktion über den Aufbau von $\eta^n(\zeta^m; u,v)$ nach, wobei man ausnutzt, dass die Bedingung $(a,b) \varepsilon \Theta(a_{11}, \ldots, a_{1s_1}; \ldots; a_{t1}, \ldots, a_{ts_t})$ in A gleichbedeutend mit der Bedingung $b \varepsilon \Pi(a | a_{11}, \ldots, a_{1s_1}; \ldots; a_{t1}, \ldots, a_{ts_t})$ in $\Gamma(A)$ ist.

Wie beim Satz 6.11 folgert man aus Satz 6.1 und Hilfssatz 6.14 die folgenden Äquivalenzen:

<u>Satz 6.15:</u> Für eine primitive Klasse $\mathfrak{A}$ sind folgende Bedingungen äquivalent:

(a) Die Ungleichung U ist $\mathfrak{S}(A)$-gültig in $\mathfrak{R}(A)$ für alle $A \varepsilon \mathfrak{A}$.

(b) Zu jeder natürlichen Zahl m gibt es eine natürliche Zahl n_m, so dass $(U_{n_m}^m)$ in $\Gamma(A)$ für alle $A \varepsilon \mathfrak{A}$ gilt.

(c) Zu jeder natürlichen Zahl m gibt es eine natürliche Zahl n_m, so dass $(U_{n_m}^m; e_1, \ldots, e_{i(U^m)})$ in $\Gamma(F(i(U^m), \mathfrak{A}))$ gilt.

Wie schon an mehreren Beispielen gezeigt wurde, kann man die spezielle Rahmenaussage $(U_{n_m}^m; e_1, \ldots, e_{i(U^m)})$ mit Hilfe von Zusatz 6.2 in eine Aussage über Gleichungen umformen, die, da dar Kern von $(U_{n_m}^m)$ eine Konjunktion atomarer Ausdrücke ist, als Kern eine Konjunktion von Gleichungen hat. Fasst man das GRÄTZERsche Problem so, dass die $\mathfrak{S}(A)$-Gültigkeit von U in $\mathfrak{R}(A)$ für alle $A \varepsilon \mathfrak{A}$ durch die Gültigkeit einer beliebigen Menge von Gleichungen in $\mathfrak{A}$ charakterisiert werden soll, dann ist mit Satz 6.15 und Zusatz 6.2 das Problem gelöst (s. WILLE [36]). GRÄTZER hat in [10] allerdings gefordert, dass die charakterisierenden Gleichungen mit nur endlich vielen algebraischen Operationen in $\mathfrak{A}$ gebildet sein dürfen. In dieser schärferen Form wäre das Problem gelöst, wenn man zu jeder Ungleichung U eine natürliche Zahl m_U angeben könnte, so dass in Satz 6.15 die Bedingung (c) nur für $m = m_U$ zu gelten braucht. Ob so eine Zahl m_U immer existiert, ist eine offene Frage. Im Fall, dass in $U = (\zeta \subseteq \eta)$ der Term ζ nur mit den Operationen $\wedge$ und $\circ$ formuliert ist, kann man $m_U = 0$ wählen, da $(U_n^o) = (U_n^m)$ für alle natürlichen Zahlen m und n ist.

Wie das angegebene Verfahren zur Gewinnung von "Sätzen vom Mal'cev Typ" arbeitet, soll an einem einfachen Beispiel demonstriert werden. Man wähle dazu die Ungleichung $\zeta^n \subseteq \eta^n$ mit $\zeta = \chi_1 \vee \chi_2$ und $\eta = \chi_2 \vee \chi_1$ $(\chi_1, \chi_2 \in C)$. Da diese Ungleichung für $n = 2$ gerade die Vertauschbarkeit bedeutet, sollen die Kongruenzrelationen einer Algebra A <u>n-vertauschbar</u> heissen, wenn $\zeta^n \subseteq \eta^n$ $\mathfrak{C}(A)$-gültig in $\mathfrak{R}(A)$ ist. Das folgende Schema veranschaulicht, wie man zu der Ungleichung $\zeta^n \subseteq \eta^n$ die gewünschte Rahmenaussage (V_n) bekommt:

<u>$(\zeta^n; x_o, x_n)$-Algorithmus:</u>

$\zeta^n =$	$\chi_1 \circ$	$(\chi_2 \circ$	$(\chi_1 \circ$	.....	$))$
0.	$(x_o,$				$x_n)$
1.	(x_o,x_1)	$(x_1,$			$x_n)$
2.	(x_o,x_1)	(x_1,x_2)	$(x_2,$		$x_n)$
⋮	⋮	⋮	⋮		⋮
n-1	(x_o,x_1)	(x_1,x_2)	(x_2,x_3)	....	(x_{n-1},x_n)

<u>$(\eta^n(\zeta^n; x_o, x_n); y_o, y_n)$-Algorithmus:</u>

$\eta^n(\zeta^n; x_o, x_n) = \Theta(x_1, x_2; x_3, x_4; \ldots) \circ (\Theta(x_o, x_1; x_2, x_3; \ldots) \circ (\Theta(x_1, x_2; x_3, x_4; \ldots) \circ \ldots\ldots)$

0.	$(y_o,$			y_n
1.	(y_o, y_1)	$(y_1,$		y_n
2.	(y_o, y_1)	(y_1, y_2)	$(y_2,$	y_n
⋮	⋮	⋮	⋮	⋮
n-1	(y_o, y_1)	(y_1, y_2)	$(y_2, y_3) \ldots\ldots\ldots (y_{n-1},$	y_n

---

$$(V_n) \quad \forall x_o \ldots x_n \; \exists y_o \ldots y_n \; \Big(x_o = y_o \wedge x_n = y_n \wedge \bigwedge_{1 \le i \le n} \begin{Bmatrix} y_i \in \Pi(y_{i-1} \mid x_o, x_1; x_2, x_3; \ldots), \text{ falls } i \text{ gerade} \\ y_i \in \Pi(y_{i-1} \mid x_1, x_2; x_3, x_4; \ldots), \text{ falls } i \text{ ungerade} \end{Bmatrix}\Big)$$

Hilfssatz 6.14, Satz 6.15 und Zusatz 6.2 liefern nun folgende Resultate, die Hilfssatz 6.3 und Satz 6.4 (MAL'CEV) verallgemeinern (vgl. PIXLEY [26] S. 109 und SCHMIDT [27] S. 62).

<u>Hilfssatz 6.16:</u> Die Kongruenzrelationen einer Algebra A sind genau dann n-vertauschbar, wenn (V_n) in $\Gamma(\mathsf{A})$ gilt.

<u>Satz 6.17:</u> Für eine primitive Klasse $\mathfrak{A}$ sind folgende Bedingungen äquivalent:

(a) Die Kongruenzrelationen jeder Algebra aus $\mathfrak{A}$ sind n-vertauschbar.

(b) Für alle $\mathsf{A} \in \mathfrak{A}$ gilt (V_n) in $\Gamma(\mathsf{A})$.

(c) Es gibt (n+1)-stellige, algebraische Operationen $\bar{p}_o, \ldots, \bar{p}_n$ von $\mathfrak{A}$, für die gilt:

$\bar{p}_o(x_o, \ldots, x_n) = x_o$,

$\bar{p}_{i-1}(x_o, x_o, x_2, x_2, \ldots) = \bar{p}_i(x_o, x_o, x_2, x_2, \ldots)$ (i gerade),

$\bar{p}_{i-1}(x_o, x_1, x_1, x_3, x_3, \ldots) = \bar{p}_i(x_o, x_1, x_1, x_3, x_3, \ldots)$ (i ungerade),

$\bar{p}_n(x_o, \ldots, x_n) = x_n$.

Beispiel 6.18: Bekanntlich sind die Kongruenzrelationen von Verbänden im allgemeinen nicht vertauschbar. Mit Satz 6.17 erhält man das weitreichendere Resultat, dass in einer nicht trivialen primitiven Klasse $\tilde{\mathfrak{V}}$ von Verbänden zu jeder natürlichen Zahl n Verbände existieren, deren Kongruenzrelationen nicht n-vertauschbar sind. Zum Beweis dieser Behauptung nehme man an, dass (n+1)-stellige, algebraische Operationen $\bar{p}_o,\ldots,\bar{p}_n$ von $\tilde{\mathfrak{V}}$ existieren, die die Gleichungen in 6.17(c) erfüllen. Dann gilt $x_o = \bar{p}_1(x_o,x_1\wedge x_2,x_1\wedge x_2,x_3\wedge x_4,x_3\wedge x_4,\ldots)\leq$
$\bar{p}_1(x_o,x_1,x_2,x_3,x_4,\ldots)\leq\bar{p}_1(x_o,x_1\vee x_2,x_1\vee x_2,x_3\vee x_4,x_3\vee x_4,\ldots) = x_o$,
also $x_o = \bar{p}_1(x_o,x_1,x_2,\ldots,x_n)$. Durch Induktion erhält man $x_o = \bar{p}_i(x_o,\ldots,x_o,x_i,x_{i+1},\ldots,x_n)$ für $1\leq i\leq n$. Insbesondere gilt $x_o = \bar{p}_n(x_o,\ldots,x_o,x_n) = x_n$, was der Voraussetzung widerspricht, dass es in $\tilde{\mathfrak{V}}$ Verbände mit mehr als einem Element gibt. $\tilde{\mathfrak{V}}$ genügt somit nicht der Bedingung 6.17(c).

Satz 6.19: Für eine primitive Klasse $\mathfrak{A}$ sind folgende Bedingungen äquivalent:

(a) Jeder Epimorphismus zwischen Algebren aus $\mathfrak{A}$ bildet Kongruenzrelationen auf Kongruenzrelationen ab.

(b) Für jeden Epimorphismus φ zwischen Algebren aus $\mathfrak{A}$ gilt
$\varphi\Theta(X_1;\ldots;X_n) = \Theta(\varphi X_1;\ldots;\varphi X_n)$.

(c) Die Kongruenzrelationen jeder Algebra aus $\mathfrak{A}$ sind 3-vertauschbar.

(d) Für alle $\mathbf{A}\in\mathfrak{A}$ gilt (V_3) in $\Gamma(\mathbf{A})$.

(e) Es gibt 4-stellige, algebraische Operationen $\bar{p}$ und $\bar{q}$ von $\mathfrak{A}$ mit
$\bar{p}(x,y,y,z) = x$, $\bar{p}(x,x,z,z) = \bar{q}(x,x,z,z)$ und $\bar{q}(x,y,y,z) = z$.

Beweis: (a)$\Longrightarrow$(b): Für $\mathbf{A},\mathbf{B}\in\mathfrak{A}$ sei $\varphi:\mathbf{A}\longrightarrow\mathbf{B}$ ein Epimorphismus. Da für $M_1,\ldots,M_n\subseteq A$ nach (a) $\varphi\Theta(M_1;\ldots;M_n)$ Kongruenzrelation von $\mathbf{B}$ ist, gilt $\varphi\Theta(M_1;\ldots;M_n)\supseteq\Theta(\varphi M_1;\ldots;\varphi M_n)$. Wegen $\Theta(M_1;\ldots;M_n)\subseteq\varphi^{-1}\Theta(\varphi M_1;\ldots;\varphi M_n)$ ist unabhängig von (a)

$\varphi\Theta(M_1;\ldots;M_n) \subseteq \Theta(\varphi M_1;\ldots;\varphi M_n)$. Damit hat man die Gültigkeit von (b).
(b) $\Longrightarrow$ (c): Für $A \varepsilon \mathfrak{A}$ seien $\Theta, \Phi \varepsilon \mathfrak{C}(A)$. Ferner bezeichne φ den kanonischen Epimorphismus von A auf A/Φ . Zu $(a,d) \varepsilon \Theta\bullet\Phi\bullet\Theta$ existieren Elemente $b,c \varepsilon A$ mit $(b,c) \varepsilon \Phi$ und $(a,b), (c,d) \varepsilon \Theta$. Nach (b) hat man $\varphi\Theta(a,b;c,d) = \Theta(\varphi a,\varphi b;\varphi c,\varphi d) = \Theta(\varphi a,\varphi b,\varphi d)$. Demnach ist $(\varphi a,\varphi d) \varepsilon \varphi\Theta$. Folglich gibt es ein Paar $(a',d') \varepsilon \Theta$ mit $\varphi a = \varphi a'$ und $\varphi d = \varphi d'$. Damit erhält man $(a,d) \varepsilon \Phi\bullet\Theta\bullet\Phi$, womit die Ungleichung $\Theta\bullet\Phi\bullet\Theta \subseteq \Phi\bullet\Theta\bullet\Phi$ nachgewiesen ist. (c) $\Longrightarrow$ (a): Für $A \varepsilon \mathfrak{A}$ betrachte man $\varphi: A \longrightarrow A/\Phi$, wobei Φ der Kern des Epimorphismus φ sein soll. Weiterhin sei $\Theta \varepsilon \mathfrak{C}(A)$. $\varphi\Theta$ ist eine Kongruenzrelation von A/Φ , wenn $\varphi\Theta$ transitiv ist. Um das zu beweisen, wähle man $(a,b), (c,d) \varepsilon \Theta$ mit $\varphi b = \varphi c$. Dann ist $(a,d) \varepsilon \Theta\bullet\Phi\bullet\Theta \subseteq \Phi\bullet\Theta\bullet\Phi$, weshalb Elemente $a',d' \varepsilon A$ mit $(a',d') \varepsilon \Theta$ und $(a,a'), (d,d') \varepsilon \Phi$ existieren. Damit erhält man $(\varphi a,\varphi d) \varepsilon \varphi\Theta$, womit die Transitivität von $\varphi\Theta$ gezeigt ist. Die Äquivalenz der Bedingung (c), (d) und (e) ergibt sich aus Satz 6.17 für den Fall $n = 3$.

Es mag interessieren, was von den "Sätzen vom Mal'cev Typ" aus JONSSON [16] und DAY [7] mit dem angegebenen Verfahren bewiesen werden kann. Dazu hat man zunächst zu der distributiven Ungleichung

$$D \equiv (\chi_1 \wedge (\chi_2 \vee \chi_3) \subseteq (\chi_1 \wedge \chi_2) \vee (\chi_1 \wedge \chi_3))$$

und der modularen Ungleichung

$$M \equiv (\chi_1 \wedge (\chi_2 \vee (\chi_1 \wedge \chi_3)) \subseteq (\chi_1 \wedge \chi_2) \vee (\chi_1 \wedge \chi_3))$$

die allgemeinen Rahmenaussagen (D_n^m) und (M_n^m) abzuleiten:

$$(D_n^m) \quad \forall x_o \ldots x_m \; \exists y_o \ldots y_n \; (x_o = y_o \wedge x_m = y_n \wedge$$

$$\bigwedge_{1 \leq i \leq n} (y_i \varepsilon \Pi(x_o | x_o, x_n) \wedge \begin{Bmatrix} y_i \varepsilon \Pi(y_{i-1} | x_o, x_1; x_2, x_3; \ldots), & \text{falls } i \text{ ungerade} \\ y_i \varepsilon \Pi(y_{i-1} | x_1, x_2; x_3, x_4; \ldots), & \text{falls } i \text{ gerade} \end{Bmatrix}))$$

$$(M_n^m) \quad \forall x_o \ldots x_m \, \exists y_o \ldots y_n \, (x_o = y_o \wedge x_m = y_n \wedge$$
$$\bigwedge_{1 \le i \le n} (y_i \in \Pi(x_o | x_o, x_n; x_1, x_2; x_3, x_4; \ldots) \wedge$$
$$\begin{cases} y_i \in \Pi(y_{i-1} | x_o, x_1; x_2, x_3; \ldots) \text{ , falls } i \text{ ungerade} \\ y_i \in \Pi(y_{i-1} | x_1, x_2; x_3, x_4; \ldots) \text{ , falls } i \text{ gerade} \end{cases}))$$

Damit bekommt man nach Hilfssatz 6.14 folgendes Ergebnis:

Hilfssatz 6.20: Für eine Algebra A ist $\mathfrak{C}(A)$ genau dann distributiv (modular), wenn zu jeder natürlichen Zahl m und jeder Elementefolge $(a_o, \ldots, a_m)$ aus A eine natürliche Zahl n existiert, so dass die spezielle Rahmenaussage $(D_n^m; a_o, \ldots, a_m)$ $((M_n^m; a_o, \ldots, a_n))$ in $\Gamma(A)$ gilt.

Weiterhin erhält man aus Satz 6.15 einen "Satz vom Mal'cev Typ", der sich sogar zu der von GRÄTZER gewünschten Form verschärfen lässt; denn JÓNSSON konnte in [16] $m_D = 2$ (DAY in [7] $m_M = 3$) nachweisen. (Es ist bisher nicht gelungen, ein Verfahren anzugeben, das m_U für eine beliebige Ungleichung U bestimmt).

Satz 6.21 (JÓNSSON (DAY)): Für eine primitive Klasse $\mathfrak{A}$ sind folgende Bedingungen äquivalent:

(a) Für alle $A \in \mathfrak{A}$ ist $\mathfrak{C}(A)$ distributiv (modular).

(b) Es gibt eine natürliche Zahl n , so dass (D_n^2) $((M_n^3))$ in $\Gamma(A)$ für alle $A \in \mathfrak{A}$ gilt.

(c) Es gibt 3-stellige (4-stellige), algebraische Operationen $\bar{p}_o, \ldots, \bar{p}_n$ von $\mathfrak{A}$, für die gilt:

$\bar{p}_i(x_o, x_1, x_o) = x_o \qquad (1 \le i \le n)$,

$\bar{p}_o(x_o, x_1, x_2) = x_o$,

$\bar{p}_{i-1}(x_o, x_o, x_2) = \bar{p}_i(x_o, x_o, x_2) \qquad$ (i ungerade),

$\bar{p}_{i-1}(x_o, x_2, x_2) = \bar{p}_i(x_o, x_2, x_2) \qquad$ (i gerade),

$\bar{p}_n(x_o, x_1, x_2) = x_2$

$(\bar{p}_i(x_o, x_1, x_1, x_o) = x_o \qquad (1 \le i \le n)$,

$$\bar{p}_o(x_o,x_1,x_2,x_3) = x_o \,,$$
$$\bar{p}_{i-1}(x_o,x_o,x_2,x_2) = \bar{p}_i(x_o,x_o,x_2,x_2) \quad \text{(i ungerade)},$$
$$\bar{p}_{i-1}(x_o,x_1,x_1,x_3) = \bar{p}_i(x_o,x_1,x_1,x_3) \quad \text{(i gerade)},$$
$$\bar{p}_n(x_o,x_1,x_2,x_3) = x_3 \text{) .}$$

Zum Schluss dieses Abschnittes sei bemerkt, dass man natürlich auch "Sätze vom Mal'cev Typ" für spezielle Rahmenaussagen mit den Methoden dieses Abschnittes gewinnen kann, wobei die Konstanten der speziellen Rahmenaussage in den Kongruenzklassengeometrien durch Konstante (0-stellige Operationen) der zugehörigen Algebren zu interpretieren sind. Man kann so beispielsweise entsprechend wie für die Regularität (s. Hilfssatz 6.10 und Satz 6.11) auch für die schwache Regularität eine vereinfachte Fassung des "Satzes vom Mal'cev Typ" aus GRÄTZER [10] bekommen.

7. Schliessungsaussagen und starke primitive Klassen

Nachdem im sechsten Abschnitt ein Verfahren angegeben werden konnte, das für jede Rahmenaussage einen "Satz vom Mal'cev Typ" liefert, stellt sich die Frage, ob entsprechendes auch für Schliessungsaussagen möglich ist. Um dieser Frage näherzukommen, hat man zu untersuchen, wieweit sich Satz 6.1 noch für Schliessungsaussagen beweisen lässt. Beim Beweis von Satz 6.1 wurde als wesentliche Eigenschaft einer Rahmenaussage (R) benutzt, dass für jeden Geomorphismus φ mit $(R;p_1,\dots,p_{g(R)})$ auch $(R;\varphi p_1,\dots,\varphi p_{g(R)})$ gilt. Für eine Schliessungsaussage (S) hat man nach Satz 2.7 im allgemeinen nur, dass für jeden starken, surjektiven Geomorphismus φ mit $(S;p_1,\dots,p_{r(S)})$ auch $(S;\varphi p_1,\dots,\varphi p_{r(S)})$ gilt. Will man demnach zu Satz 6.1 ein Analogon für Schliessungsaussagen, so muss man sich auf primitive Klassen beschränken, in denen jeder Epimorphismus zwischen Algebren einen starken, surjektiven Geomorphismus zwischen den zugehörigen Kongruenzklassengeometrien induziert; solche primitive Klassen sollen <u>stark</u> genannt werden.

<u>Satz 7.1:</u> Für eine starke primitive Klasse $\mathfrak{A}$ sind folgende Bedingungen äquivalent:

(a) Die Kongruenzklassengeometrie jeder Algebra aus $\mathfrak{A}$ genügt der allgemeinen Schliessungsaussage (S).

(b) Die spezielle Schliessungsaussage $(S;e_1,\dots,e_{r(S)})$ gilt in $\Gamma(F(\omega,\mathfrak{A}))$.

Beweis: Aus (a) folgt unmittelbar (b). Zum Beweis der Umkehrung wähle man für $A \in \mathfrak{A}$ eine Interpretation ι_A in $\Gamma(A)$, bei der - $\nu \longrightarrow \mu$ sei der Kern von (S) - ν in $\Gamma(A)$ gilt. Dann gibt es nach Zusatz 1.5 eine endliche erzeugte Unteralgebra B von A und eine Interpretation ι_B in $\Gamma(A)$ mit $\iota_A x_i = \iota_B x_i$ für $i = 1,\dots,g(S)$, so dass ν bei ι_B in $\Gamma(A)$ gilt. Da B von endlich vielen Elementen erzeugt wird, existiert ein Epimorphismus $\varphi: F(\omega,\mathfrak{A}) \longrightarrow B$ mit $\varphi e_i = \iota_B x_i$

für $i = 1,\dots,r(S)$. Damit erhält man wegen Satz 2.7 und Satz 3.11 aus der Gültigkeit von $(S;e_1,\dots,e_{r(S)})$ in $\Gamma(F(\omega,\mathfrak{A}))$ die Gültigkeit von $(S;\iota_B x_1,\dots,\iota_B x_{r(S)})$ in $\Gamma(B)$. Insbesondere gilt also $(S;\iota_B x_1,\dots,\iota_B x_{g(S)})$ in $\Gamma(B)$. Da μ Kern einer Rahmenaussage ist, ergibt sich daraus, dass $(S;\iota_A x_1,\dots,\iota_A x_{g(S)})$ in $\Gamma(A)$ gilt. Damit ist nachgewiesen, dass aus (b) auch (a) folgt.

Nun stellt sich die Aufgabe, die Bedingung (b) aus Satz 7.1 in eine äquivalente Aussage über die Gültigkeit gewisser Gleichungen in $\mathfrak{A}$ umzuwandeln. Eine solche Aussage kann man wieder mit Hilfe von Zusatz 6.2 bekommen, da zu jedem $p \in F(\omega,\mathfrak{A})$ eine natürliche Zahl n mit $p \in F(n,\mathfrak{A})$ existiert ($F(n,\mathfrak{A})$ wird dabei als Unteralgebra von $F(\omega,\mathfrak{A})$ aufgefasst). Für starke primitive Klassen lässt sich Zusatz 6.2 noch folgendermassen verbessern:

<u>Zusatz 7.2:</u> Für eine starke primitive Klasse $\mathfrak{A}$ gilt in $\Gamma(F(n,\mathfrak{A}))$ genau dann

$$q \in \Pi(p_0|p_1,\dots,p_{h_1};p_{h_1+1},\dots,p_{h_2};\dots;p_{h_{t-1}+1},\dots,p_{h_t}) ,$$

wenn eine $(1+h_t+n)$-stellige, algebraische Operation $\bar{r}$ von $\mathfrak{A}$ existiert, für die gilt:

$$\bar{r}(\bar{p}_0(x_1,\dots,x_n),\dots,\bar{p}_{h_t}(x_1,\dots,x_n),x_1,\dots x_n) = \bar{q}(x_1,\dots,x_n) \quad \text{und}$$

$$\bar{r}(y_0,\dots,y_{h_t+n}) = y_0 \text{ , falls } y_i = y_j \text{ für } h_s < i,j \leq h_{s+1}$$

$(0 \leq s < t$ und $h_0 := 0)$ ist.

Beweis: Es gibt einen Epimorphismus $\varphi: F(1+h_t+n,\mathfrak{A}) \longrightarrow F(n,\mathfrak{A})$ mit $\varphi e_{1+i} = p_i$ $(0 \leq i \leq h_t)$ und $\varphi e_{1+h_t+j} = e_j$ $(1 \leq j \leq n)$. Da $\mathfrak{A}$ stark ist, gilt dann für

$$R := \Pi(e_1|e_2,\dots,e_{h_1+1};e_{h_1+2},\dots,e_{h_2+1};\dots;e_{h_{t-1}+2},\dots,e_{h_t+1}) \quad \text{und}$$

$$Q := \Pi(p_0|p_1,\dots,p_{h_1};p_{h_1+1},\dots,p_{h_2};\dots;p_{h_{t-1}+1},\dots,p_{h_t})$$

$\varphi R = Q$. Demnach ist $q \varepsilon Q$ gleichbedeutend damit, dass ein $r \varepsilon R$ mit $\varphi r = q$ existiert. Ein solches Element r wiederum existiert genau dann, wenn es eine algebraische Operation $\bar{r}$ von $\mathfrak{A}$ gibt, die die angegebenen Gleichungen erfüllt; denn $\varphi r = q$ ist äquivalent zur ersten und $r \varepsilon R$ nach Zusatz 6.2 äquivalent zur zweiten Gleichung in 7.2.

Beschränkt man sich auf starke primitive Klassen, so erhält man aus Satz 7.1, Zusatz 6.2 bzw. Zusatz 7.2 ein Verfahren, dass zu jeder allgemeinen Schliessungsaussage einen "Satz vom Mal'cev Typ" liefert. Bevor das an speziellen Fällen demonstriert wird, soll, um die Reichweite solcher Sätze sichtbar zu machen, eine Charakterisierung der starken primitiven Klassen gegeben werden (vgl. Satz 6.4).

Satz 7.3: Eine primitive Klasse $\mathfrak{A}$ ist genau dann stark, wenn die Kongruenzrelationen jeder Algebra aus $\mathfrak{A}$ vertauschbar sind.

Beweis: Zunächst setze man voraus, dass $\mathfrak{A}$ stark ist. Sei $\varphi: F(3,\mathfrak{A}) \longrightarrow F(3,\mathfrak{A})$ der Homomorphismus, der durch $\varphi e_1 = e_1$ und $\varphi e_2 = \varphi e_3 = e_3$ festgelegt ist. In $\varphi F(3,\mathfrak{A})$ gilt dann $\varphi \Pi(e_3|e_1,e_2) = [e_1,e_3]$. Folglich existiert ein $p \varepsilon \Pi(e_3|e_1,e_2)$ mit $\varphi p = e_1$. Für die algebraische Operation $\bar{p}$ von $\mathfrak{A}$ gilt somit $\bar{p}(x,x,z) = z$ und $p(x,z,z) = x$. Damit erhält man nach Satz 6.4, dass die Kongruenzrelationen jeder Algebra aus $\mathfrak{A}$ vertauschbar sind. Für den Beweis der Umkehrung wähle man in $A \varepsilon \mathfrak{A}$ ein Element a und eine Teilmenge M . Ist $\pi: A \longrightarrow A/\Phi$ der kanonische Epimorphismus zu $\Phi \varepsilon \mathfrak{J}(A)$, dann ist nach Satz 6.19 $\pi\Theta(M) = \Theta(\pi M)$. Zu $\pi b \varepsilon \Pi(\pi a|\pi M)$ existiert somit ein Paar $(a',b') \varepsilon \Theta(M)$ mit $\pi a = \pi a'$ und $\pi b = \pi b'$. Wegen $(a,b) \varepsilon \Phi \circ \Theta(M) \circ \Phi = \Theta(M) \circ \Phi$ gibt es ein $b'' \varepsilon A$ mit $b'' \varepsilon \Pi(a|M)$ und $\pi b = \pi b''$. Damit ist $\mathfrak{A}$ als stark nachgewiesen.

Im fünften Abschnitt blieb die Frage offen, ob (pseudo-)affine

Kongruenzklassengeometrien immer desarguessch sind, d.h. ob sie immer (P_3) und (Z_3) genügen. Diese Frage lässt sich mit Hilfe von Satz 7.1 lösen, falls die Kongruenzklassengeometrien aller Algebren einer primitiven Klasse pseudoaffin sind. Dazu werden die folgenden beiden Hilfssätze benötigt, die einen überraschenden Zusammenhang zwischen dem Satz von Desargues und relativ freien Algebren aufdecken.

Hilfssatz 7.4: Für jede primitive Klasse $\mathfrak{A}$ gilt $(Z_n;e_1,\dots,e_{n+1})$ in $\Gamma(F(\omega,\mathfrak{A}))$.

Beweis: In $F(\omega,\mathfrak{A})$ definiere für $p_2 \varepsilon [e_1,e_2]$ $p_j := \bar{p}_2(e_1,e_j,e_3,e_4,\dots)$ $(3 \leq j \leq n+1)$. Nach Zusatz 6.2 gilt dann $p_j \varepsilon [e_1,e_j]$ und $p_j \varepsilon \Pi(p_i|e_i,e_j)$ $(2 \leq i < j \leq n+1)$, womit schon die Gültigkeit von $(Z_n;e_1,\dots,e_{n+1})$ in $\Gamma(F(\omega,\mathfrak{A}))$ bewiesen ist.

Hilfssatz 7.5: Für jede starke primitive Klasse $\mathfrak{A}$ gilt $(P_n;e_1,\dots,e_{n+1})$ in $\Gamma(F(n+1,\mathfrak{A}))$.

Beweis: Nach Satz 7.3 und Satz 6.4 gibt es eine 3-stellige, algebraische Operation $\bar{p}$ von $\mathfrak{A}$ mit $\bar{p}(x,x,z) = z$ und $\bar{p}(x,z,z) = x$. In $F(n+1,\mathfrak{A})$ definiere man $p_j := \bar{p}(e_j,e_1,e_{n+1})$ $(1 \leq j \leq n)$. Nach Zusatz 6.2 gilt $p_j \varepsilon \Pi(e_j|e_1,e_{n+1})$ und $p_j \varepsilon \Pi(p_i|e_i,e_j)$ $(1 \leq i < j \leq n)$, womit wegen $p_1 = e_{n+1}$ die Gültigkeit von $(P_n;e_1,\dots,e_{n+1})$ in $\Gamma(F(n+1,\mathfrak{A}))$ bewiesen ist.

Satz 7.6: Sind die Kongruenzklassengeometrien aller Algebren einer primitiven Klasse $\mathfrak{A}$ pseudoaffin, so sind sie auch desarguessch.

Beweis: Da insbesondere $\Gamma(F(3,\mathfrak{A}))$ pseudoaffin ist, gilt $(P_2;e_1,e_2,e_3)$ in $\Gamma(F(3,\mathfrak{A}))$. Aus Satz 6.1, Satz 6.4 und Satz 7.3 folgt, dass $\mathfrak{A}$ stark ist. Deshalb gilt wegen Satz 7.1 und Hilfssatz 7.4 die allgemeine Schliessungsaussage (Z_n) in $\Gamma(A)$ für alle $A \varepsilon \mathfrak{A}$ und jedes n. Ferner gilt wegen Satz 6.1 und Hilfssatz 7.5

die allgemeine Rahmenaussage (P_n) in $\Gamma(A)$ für alle $A \varepsilon \mathfrak{A}$ und jedes n. Insbesondere sind somit die Kongruenzklassengeometrien aller Algebren aus $\mathfrak{A}$ desarguessch.

Im Beweis von Satz 7.6 ergab sich für eine starke primitive Klasse $\mathfrak{A}$, dass die Aussagen (P_n) und (Z_n) in $\Gamma(A)$ für alle $A \varepsilon \mathfrak{A}$ und jedes n gelten. Dass darüber hinaus auch die allgemeine Schliessungsaussage (PA_n) in $\Gamma(A)$ für alle $A \varepsilon \mathfrak{A}$ und jedes n gilt, erhält man, wenn man Satz 7.1 im Zusammenhang mit folgendem Hilfssatz anwendet.

<u>Hilfssatz 7.7:</u> Für jede primitive Klasse $\mathfrak{A}$ gilt $(PA_n;e_1,\dots,e_{n+1})$ in $\Gamma(F(\omega,\mathfrak{A}))$.

Beweis: In $F(\omega,\mathfrak{A})$ definiere für $p \varepsilon [e_1,\dots,e_{n+1}]$ $q := \bar{p}(e_1,e_2,e_2,e_2,\dots)$. Nach Zusatz 6.2 gilt dann $q \varepsilon [e_1,e_2]$ und $q \varepsilon \Pi(p|e_2,\dots,e_{n+1})$, womit schon die Gültigkeit von $(PA_n;e_1,\dots,e_{n+1})$ in $\Gamma(F(\omega,\mathfrak{A}))$ bewiesen ist.

Die vorangehenden Überlegungen zeigen, dass man Satz 6.4 und Satz 7.3 zu folgender Kette von Äquivalenzen erweitern kann:

<u>Satz 7.8:</u> Für eine primitive Klasse $\mathfrak{A}$ sind folgende Bedingungen äquivalent:

(a) $\mathfrak{A}$ ist stark.

(b) Die Kongruenzrelationen jeder Algebra aus $\mathfrak{A}$ sind vertauschbar.

(c) Die Kongruenzklassengeometrie jeder Algebra aus $\mathfrak{A}$ ist desarguessch.

(d) Für alle $A \varepsilon \mathfrak{A}$ gilt (P_2) in $\Gamma(A)$.

(e) Für alle $A \varepsilon \mathfrak{A}$ und jedes n gelten (P_n), (Z_n) und (PA_n) in $\Gamma(A)$.

(f) Es gibt eine 3-stellige, algebraische Operation $\bar{p}$ von $\mathfrak{A}$ mit $\bar{p}(x,x,z) = z$ und $\bar{p}(x,z,z) = x$.

Lässt sich zeigen, dass eine Algebra $\mathbf{A}$ in einer starken primitiven Klasse liegt, dann weiss man nach Satz 7.8, dass (P_2) und (PA_n) für jedes n in $\Gamma(\mathbf{A})$ gilt. Genügt $\Gamma(\mathbf{A})$ ferner (A_2), so hat man mit $\Gamma(\mathbf{A})$ nach Satz 2.6 eine affine Geometrie, die wegen Satz 7.8 dazu noch desarguessch ist. Mit Satz 7.8 hat man somit ein Mittel an der Hand, desarguessche, affine Kongruenzklassengeometrien nachzuweisen. Insbesondere kann man mit Satz 7.8 zeigen, dass jede endliche, pseudoaffine Kongruenzklassengeometrie desarguessch und affin ist. Um eine möglichst allgemeine Charakterisierung der desarguesschen, affinen Kongruenzklassengeometrien zu bekommen, ist es nützlich, den Begriff der <u>zentralen Translation</u> einzuführen: Wie in ANDRÉ [1] soll eine Translation τ <u>zentral</u> heissen, wenn für jedes Punktepaar p,q gilt $[p,\tau p]\Pi[q,\tau q]$. Der Vorbereitung des Charakterisierungssatzes dienen die folgenden zwei Hilfssätze, von denen der zweite dem Satz 4.4 in ANDRÉ [1] entspricht.

<u>Hilfssatz 7.9:</u> Gilt für eine Algebra $\mathbf{A}$ (A_2) in $\Gamma(\mathbf{A})$, dann gibt es zu $a,b,c \in A$ mit $c \notin [a,b]$ höchstens ein $d \in A$ mit $d \in \Pi(c|a,b)$ und $d \in \Pi(b|a,c)$.

Beweis: Für ein $d \in A$ gelte $d \in \Pi(c|a,b)$ und $d \in \Pi(b|a,c)$. Ist $a = b$, so folgt $c = d$ aus $d \in \Pi(c|a,b)$. Ist $a \neq b$, so leitet man aus Satz 1.4 und Satz 4.11(2) ab, dass a,b,c und d in demselben Transitivitätsgebiet R von $\Delta(\Pi^{\mathbf{A}})$ liegen. Da $\Pi^{\mathbf{A}}$ auf R eingeschränkt nach Satz 4.11(1) ein Parallelismus ist, hat man in R, dass Geraden stets Geraden als parallele Teilräume haben. Insbesondere sind also $\Pi(c|a,b)$ und $\Pi(b|a,c)$ Geraden. Wegen $c \notin [a,b]$ ist $\Pi(c|a,b) \neq \Pi(b|a,c)$. Das hat auf Grund von (A_2) zur Folge, dass $\Pi(c|a,b) \cap \Pi(b|a,c) = \{d\}$ ist.

<u>Hilfssatz 7.10:</u> Ist eine Algebra $\mathbf{A}$ nicht einfach und gilt (A_2) in $\Gamma(\mathbf{A})$, dann ist jede zentrale Translation von $\Gamma(\mathbf{A})$ durch die Wir-

kung auf einen Punkt eindeutig bestimmt.

Beweis: Sei $a \varepsilon A$; seien ferner τ_1 und τ_2 zentrale Translationen von $\Gamma(\mathbf{A})$ mit $\tau_1 a = \tau_2 a$. Da $\mathbf{A}$ nicht einfach ist und (A_2) in $\Gamma(\mathbf{A})$ gilt, kann man ein $b \notin [a,\tau_1 a]$ wählen. Dann hat man $\tau_1 b, \tau_2 b \varepsilon \Pi(b|a,\tau_1 a)$ und $\tau_1 b, \tau_2 b \varepsilon \Pi(\tau_1 a|a,b)$. Nach Hilfssatz 7.9 ist daher $\tau_1 b = \tau_2 b$, was nach Hilfssatz 4.6 $\tau_1 = \tau_2$ zur Folge hat.

Satz 7.11: Für eine Algebra $\mathbf{A}$ sind folgende Bedingungen äquivalent:

(a) $\Gamma(\mathbf{A})$ ist eine desarguessche, affine Geometrie.

(b) $\Gamma(\mathbf{A})$ genügt (A_2) und (P_3) .

(c) $\mathbf{A}$ ist einfach oder $\Gamma(\mathbf{A})$ genügt (A_2) und die zentralen Translationen von $\Gamma(\mathbf{A})$ bilden eine Gruppe, die transitiv auf A operiert.

Beweis: Die Bedingungen (a), (b) und (c) sind für jede einfache Algebra $\mathbf{A}$ erfüllt. Deshalb kann für das weitere vorausgesetzt werden, dass $\mathbf{A}$ nicht einfach ist. (a)$\Longrightarrow$(b) liegt auf der Hand. (b)$\Longrightarrow$(c) : Für jedes Elementepaar $a,b \varepsilon A$ ist eine zentrale Translation τ_{ab} von $\Gamma(\mathbf{A})$ anzugeben, für die $\tau_{ab} a = b$ ist. Ist $a = b$, so wähle man für τ_{ab} die Identität. Ist $a \neq b$, dann hat man zu einem $c \notin [a,b]$ nach Hilfssatz 7.9 und (P_2) genau ein $d \varepsilon A$ mit $d \varepsilon \Pi(c|a,b)$ und $d \varepsilon \Pi(b|a,c)$, so dass man $\tau_{ab} c := d$ setzen kann. Zu $e \varepsilon [a,b]$ gibt es wegen (P_3) genau ein $f \varepsilon A$ derart, dass für jede Wahl eines $c \notin [a,b]$ gilt $f \varepsilon \Pi(e|c,\tau_{ab} c)$ und $f \varepsilon \Pi(\tau_{ab} c|c,e)$ (genauer ausgeführt in ARTIN [3], S. 71 ff.). Deshalb kann man $\tau_{ab} e := f$ definieren. Aus der Definition der Abbildung τ_{ab} leitet man sofort ab, dass τ_{ab} eine zentrale Translation von $\Gamma(\mathbf{A})$ mit $\tau_{ab} a = b$ ist. Seien nun τ_1 und τ_2 nicht identische, zentrale Translationen von $\Gamma(\mathbf{A})$. Für zwei beliebige Punkte a und b ist $[a,\tau_2\tau_1 a]\Pi[b,\tau_2\tau_1 b]$ zu zeigen. Ist $\tau_2\tau_1 a \varepsilon [a,\tau_1 a]$, dann ist

$\tau_2\tau_1 b \in [b,\tau_1 b]$, also $[a,\tau_2\tau_1 a] \Pi [b,\tau_2\tau_1 b]$. Ist $\tau_2\tau_1 a \notin [a,\tau_1 a]$, dann hat man die Gültigkeit von $(P_3;a,\tau_1 a,\tau_2\tau_1 a,b)$ auszunutzen, was wegen der Eindeutigkeit des vierten Parallelogrammpunktes (Hilfssatz 7.9) wieder zu $[a,\tau_2\tau_1 a] \Pi [b,\tau_2\tau_1 b]$ führt. Somit ist die Komposition zweier zentraler Translationen von $\Gamma(\mathbf{A})$ wieder eine zentrale Translation. Sei τ eine zentrale Translation mit $\tau a = b$. Nach Hilfssatz 7.10 ist dann $\tau = \tau_{ab}$. Da $\tau_{ba}\,\tau_{ab}$ nach dem Vorangehenden eine zentrale Translation mit $\tau_{ba}\tau_{ab}a = a$ ist, gilt $\tau_{ba}\tau_{ab} = 1$, also $\tau_{ba} = \tau^{-1}$. Zusammenfassend hat man damit, dass die zentralen Translationen von $\Gamma(\mathbf{A})$ eine Gruppe bilden, die transitiv auf A operiert.

(c)$\Longrightarrow$(a) : Nach Voraussetzung und Hilfssatz 7.10 gibt es zu jedem Elementepaar $a,b \in A$ genau eine zentrale Translation τ_{ab} von $\Gamma(\mathbf{A})$ mit $\tau_{ab}a = b$. Mit Hilfe der so beschriebenen zentralen Translationen definiere man in $\mathbf{A}$ eine 3-stellige Operation auf folgende Weise:

$$\bar{p}(a,b,c) := \tau_{ba}c \qquad (a,b,c \in A) \quad .$$

Zunächst soll gezeigt werden, dass $\bar{p}$ eine zulässige Operation von $\mathbf{A}$ ist. Sei $\Theta \in \mathfrak{C}(\mathbf{A})$ und $(a,a'),(b,b'),(c,c') \in \Theta$. Dann ist $(\tau_{ca}c,\tau_{ba}c') \in \Theta$. Aus $(b',b) \in \Theta$ bzw. $(a,a') \in \Theta$ folgt ferner $(c',\tau_{b'b}c') \in \Theta$ bzw. $(\tau_{ba}\tau_{b'b}c',\tau_{aa'}\tau_{ba}\tau_{b'b}c') \in \Theta$, wobei ausgenutzt wird, dass $\tau_{b'b}$ und $\tau_{aa'}$ zentral sind. Da $\tau_{aa'}\tau_{ba}\tau_{b'b} = \tau_{b'a'}$ ist, erhält man $(\tau_{ba}c,\tau_{b'a'}c') \in \Theta$, also $(\bar{p}(a,b,c),\bar{p}(a',b'c')) \in \Theta$. $\hat{\mathbf{A}}$ bezeichne die Algebra, die aus $\mathbf{A}$ durch Hinzunahme der zulässigen Operation $\bar{p}$ entsteht. Ferner sei $\hat{\mathfrak{U}}$ die kleinste primitive Klasse, die $\hat{\mathbf{A}}$ enthält. Da für $a,c \in A$ stets $\bar{p}(a,a,c) = \tau_{aa}c = c$ und $\bar{p}(a,c,c) = \tau_{ca}c = a$ ist, gelten für die algebraische Operation $\bar{p}$ von $\hat{\mathfrak{U}}$ die Gleichungen $\bar{p}(x,x,z) = z$ und $\bar{p}(x,z,z) = x$. Nach Satz 7.8 ist daher $\Gamma(\hat{\mathbf{A}}) = \Gamma(\mathbf{A})$ desarguessch. Ebenfalls aus Satz 7.8 folgt, dass neben (A_2) auch (P_2) und (PA_n) für jedes n in $\Gamma(\hat{\mathbf{A}}) = \Gamma(\mathbf{A})$ gilt. Nach Satz 2.6 ist daher $\Gamma(\mathbf{A})$ eine affine Geometrie.

Satz 7.12: Jede endliche, pseudoaffine Kongruenzklassengeometrie ist desarguessch und affin.

Beweis: $\Gamma(A)$ sei eine endliche, pseudoaffine Kongruenzklassengeometrie. Man kann dabei A als nicht einfach voraussetzen, weil für eine einfache Algebra A die Behauptung trivialerweise erfüllt ist. $\Gamma(A)$ genügt (A_2) (Hilfssatz 5.1). Nach Satz 5.7 ist $\Delta(\parallel)$ eine Gruppe, die transitiv auf A operiert. Die Algebra $\tilde{A}$, die aus A entsteht, indem man noch die $\parallel$-Dilatationen von $\Gamma(A)$ als Operationen hinzunimmt, ist somit transitiv, was wegen Hilfssatz 5.4 $\underline{\Pi}^{\tilde{A}} = \parallel$ nach sich zieht. Mit Satz 5.5 folgt $\Gamma(A) = \Gamma(\tilde{A})$. Wegen der Endlichkeit von A kann man auf $\Delta(\Pi^{\tilde{A}})$ einen bekannten Satz von FROBENIUS ([8]) anwenden, der besagt, dass die Translationen einer transitiven Permutationsgruppe, deren nicht identische Permutationen höchstens einen Fixpunkt haben (s. Hilfssatz 4.6), eine transitive Untergruppe bilden (vgl. SPEISER [30], Satz 180). Da in einer pseudoaffinen Geometrie jede $\parallel$-Translation zentral ist, hat man somit, dass für $\tilde{A}$ die Bedingung (c) von Satz 7.11 erfüllt ist, womit $\Gamma(A) = \Gamma(\tilde{A})$ als desarguessch und affin nachgewiesen ist.

Beispiel 7.13: Satz 7.11 hat neben Satz 7.12 weitere Anwendungen. So kann man z.B. aus Satz 7.11 den Satz 4.1 folgern. Für Linksmoduln über einem Ring lässt sich aus Satz 7.11 ein entsprechendes Resultat ableiten: Man betrachte einen Ring P mit einem nicht irreduziblen, treuen P-Linksmodul M, in dem jedes Element ungleich 0 einen minimalen Untermodul erzeugt. Dann ist der Rang von $\Gamma(M)$ grösser als 2, und $\Gamma(M)$ genügt (A_2). Da in M die Addition mit einem festen Element eine zentrale Translation von $\Gamma(M)$ liefert, ist für M die Bedingung (c) von Satz 7.11 erfüllt. $\Gamma(M)$ ist daher eine desarguessche, affine Geometrie. Demnach hat man einen Vektorraum $\dot{M}$ über einem Schiefkörper K mit $\Gamma(\dot{M}) = \Gamma(M)$ (s. etwa ARTIN [3], Chapter II). Für $0 \neq m \in M$

folgt $Pm = [0,m] = Km$. Es gibt somit eine surjektive Abbildung $\varphi: P \to K$, die durch $rm = \varphi rm$ (r aus P) beschrieben ist. Da M ein treuer P-Linksmodul ist, ist φ eineindeutig. Wegen $r0 = \varphi r0$ und $rm = \varphi rm$ induzieren nach Hilfssatz 4.6 r und φr dieselbe Dilatation auf $\Gamma(M)$. Das hat zur Folge, dass φ sogar ein Ringisomorphismus ist. Damit hat man folgendes Ergebnis bewiesen: Besitzt ein Ring P einen nicht irreduziblen, treuen P-Linksmodul M, in dem jedes Element ungleich 0 einen minimalen Untermodul erzeugt, dann ist P ein Schiefkörper und M ein Vektorraum.

Satz 7.14: Für eine starke primitive Klasse $\mathfrak{A}$ sind folgende Bedingungen äquivalent:

(a) Die Kongruenzklassengeometrie jeder Algebra aus $\mathfrak{A}$ ist desarguessch und affin.

(b) Für alle $A \in \mathfrak{A}$ gilt (A_2) in $\Gamma(A)$.

(c) Zu jeder n-stelligen, algebraischen Operation $\bar{p} \neq \bar{e}_1$ von $\mathfrak{A}$ mit $\bar{p}(x,x,x_3,\ldots,x_n) = x$ existiert eine (n+1)-stellige, algebraische Operation $\bar{q}$ von $\mathfrak{A}$ mit

$$\bar{q}(x,x,x_3,\ldots,x_{n+1}) = x \quad \text{und} \quad \bar{q}(\bar{p}(x_1,\ldots,x_n),x_1,\ldots,x_n) = x_2 .$$

Beweis: Die Äquivalenz von (a) und (b) ergibt sich unmittelbar aus Satz 7.8 und Satz 7.11. Dass (c) mit (b) gleichwertig ist, leitet man mit Hilfe von Satz 7.1 und Satz 7.2 ab.

Beispiel 7.15: In Satz 7.14 ist die Voraussetzung, dass die primitive Klasse $\mathfrak{A}$ stark ist, unentbehrlich. So ist z.B. für die primitive Klasse $\mathfrak{M}$ aller Mengen (d.h. aller Algebren mit leerer Operationenmenge) die Bedingung (a) verletzt, obwohl die Bedingungen (b) und (c) für $\mathfrak{M}$ erfüllt sind. Ein weiteres Beispiel hat man mit der primitiven Klasse $\mathfrak{S}_3$ aller Algebren mit zwei 1-stelligen Operationen $\bar{p}$ und $\bar{q}$, die den Gleichungen $\bar{p}(\bar{p}(x))=x=\bar{q}(\bar{q}(x))$ und $\bar{p}(\bar{q}(\bar{p}(x))) = \bar{q}(\bar{p}(\bar{q}(x)))$ genügen. Die 1-stelligen, algebraischen Operationen von $\mathfrak{S}_3$ bilden eine Gruppe Σ (isomorph zur symmetrischen Gruppe S_3). Für eine Algebra A aus $\mathfrak{S}_3$ sind die Transitivitätsgebiete von Σ in $\Gamma(A)$ Teilräume, auf denen folgende Untergeometrien möglich sind:

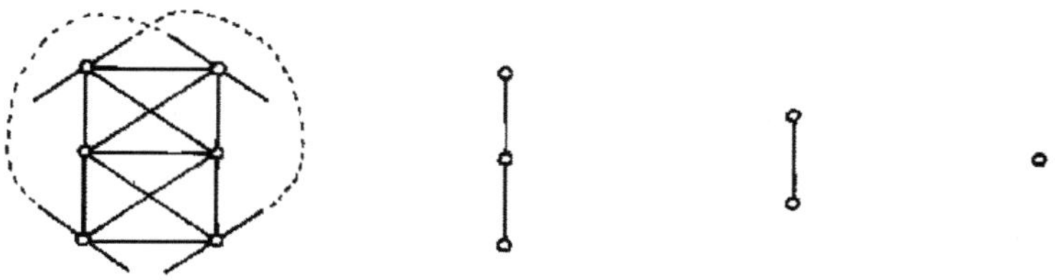

Daran sieht man, dass in $\Gamma(A)$ zwar (A_2) aber nicht immer (P_2) gilt. $\mathfrak{S}_3$ erfüllt somit die Bedingung (b) aber nicht (a).

Zum Abschluss soll ein "Satz vom Mal'cev Typ" für den Satz von Pappos angegeben werden. Dazu hat man - ähnlich wie beim Satz von Desargues - eine geeignete Schliessungsaussage zu finden, deren Gültigkeit in einer affinen Geometrie zu der Gültigkeit des Satzes von Pappos äquivalent ist. Diese Forderung erfüllt offenbar die folgende Schliessungsaussage:

(Ps) $\forall x_0 x_1 x_2 y_1 y_2 \; \exists z_1 z_2 (y_1 \varepsilon [x_0,x_1] \wedge y_2 \varepsilon [x_0,x_2] \rightarrow z_2 \varepsilon \Pi(z_1 | x_1,x_2) \wedge$
$z_1 \varepsilon [x_0,x_1] \wedge z_2 \varepsilon [x_0,x_2] \wedge z_1 \varepsilon \Pi(y_2 | y_1,y_2) \wedge z_2 \varepsilon \Pi(y_1 | x_1,x_2))$.

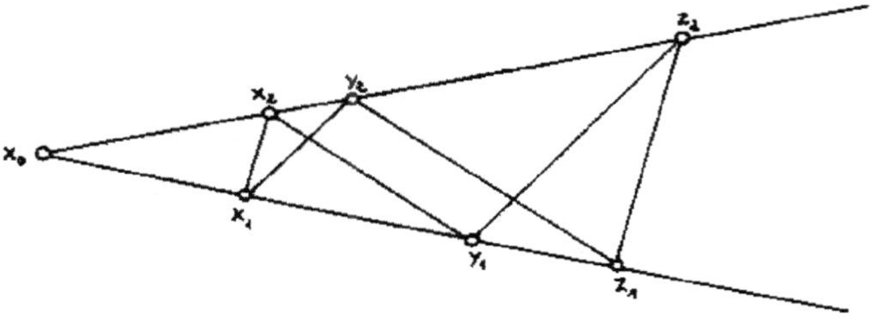

Eine Geometrie, in der (Ps) gilt, soll deshalb <u>papposch</u> heissen. Aus Satz 7.1, Zusatz 6.2 und Zusatz 7.2 erhält man nun leicht den angekündigten Charakterisierungssatz.

Satz 7.16: Für eine starke Klasse $\mathfrak{A}$ sind folgende Bedingungen äquivalent:

(a) Die Kongruenzklassengeometrie jeder Algebra aus $\mathfrak{A}$ ist papposch.

(b) Zu n-stelligen, algebraischen Operationen $\bar{p}_1$ und $\bar{p}_2$ von $\mathfrak{A}$ mit $\bar{p}_1(x,x,x_3,x_4,\dots,x_n) = x$ und $\bar{p}_2(x,x_2,x,x_4,\dots,x_n) = x$ gibt es n-stellige, algebraische Operationen $\bar{q}_1$ und $\bar{q}_2$ sowie (n+2)-stellige, algebraische Operationen $\bar{r}_1$ und $\bar{r}_2$, so dass gilt:

$$\bar{q}_1(x,x,x_3,x_4,\dots,x_n) = x,\ \bar{q}_2(x,x_2,x,x_4,\dots,x_n) = x\ ,$$
$$\bar{q}_1(x_1,x,x,x_4,\dots,x_n) = \bar{q}_2(x_1,x,x,x_4,\dots,x_n)\ ,$$
$$\bar{r}_1(x,x_2,x_3,x_4,x,\dots,x_{n+2}) = x_2\ ,$$
$$\bar{r}_1(\bar{p}_1(x_1,\dots,x_n),\bar{p}_2(x_1,\dots,x_n),x_1,\dots,x_n) = \bar{q}_1(x_1,\dots,x_n)\ ,$$
$$\bar{r}_2(x_1,x,x_3,x,x_5,\dots,x_{n+2}) = x_1\ ,$$
$$\bar{r}_2(\bar{p}_1(x_1,\dots,x_n),\bar{p}_2(x_1,\dots,x_n),x_1,\dots,x_n) = \bar{q}_2(x_1,\dots,x_n)\ .$$

Bekanntlich ist ein Körper K genau dann kommutativ, wenn der Satz von Pappos in den affinen Geometrien über K gilt (s. etwa ARTIN [3], Satz 2.18). Diese Äquivalenz kann man mit Hilfe von Satz 7.16 allgemeiner für Ringe mit Einselement beweisen.

Satz 7.17: Ein Ring P mit Einselement ist genau dann kommutativ, wenn die Kongruenzklassengeometrie jedes unitalen Linksmoduls über P papposch ist.

Beweis: Zunächst setze man voraus, dass jeder unitale P-Linksmodul M papposch ist. Wähle Elemente α_1 und α_2 in P. Da die unitalen P-Linksmoduln eine starke primitive Klasse ${}_P\mathfrak{M}$ bilden, kann man Satz 7.16 anwenden. Damit erhält man zu $\bar{p}_1(x_1,x_2,x_3) := (1-\alpha_1)x_1 + \alpha_1x_2$ und $\bar{p}_2(x_1,x_2,x_3) := (1-\alpha_2)x_1 + \alpha_2x_3$ algebraische Operationen $\bar{q}_1,\bar{q}_2,\bar{r}_1$ und $\bar{r}_2$ von ${}_P\mathfrak{M}$, die den unter 7.16(b) angegebenen Gleichungen genügen. Es gibt also $\beta_1, \beta_2, \gamma_1$ und γ_2 in P mit

$$
(1)\quad
\begin{aligned}
\bar{q}_1(x_1,x_2,x_3) &= (1-\beta_1)x_1 + \beta_1 x_2 ,\\
\bar{q}_2(x_1,x_2,x_3) &= (1-\beta_2)x_1 + \beta_2 x_3 ,\\
\bar{r}_1(x_1,\dots,x_5) &= \gamma_1 x_1 + x_2 - \gamma_1 x_5 ,\\
\bar{r}_2(x_1,\dots,x_5) &= x_1 + \gamma_2 x_2 - \gamma_2 x_4
\end{aligned}
$$

(vgl. OSTERMANN, SCHMIDT [24]) . In ${}_P\mathfrak{M}$ gilt ferner

$$
(2)\quad
\begin{aligned}
&\gamma_1(1-\alpha_1)x_1+\gamma_1\alpha_1x_2+(1-\alpha_2)x_1+\alpha_2x_3-\gamma_1x_3 = (1-\beta_1)x_1+\beta_1x_2 \quad\text{und}\\
&(1-\alpha_1)x_1+\alpha_1x_2+\gamma_2(1-\alpha_2)x_1+\gamma_2\alpha_2x_3-\gamma_2x_2 = (1-\beta_2)x_1+\beta_2x_3 \quad ,
\end{aligned}
$$

was gleichbedeutend ist mit

$$
(3)\quad
\begin{aligned}
&(\gamma_1-\gamma_1\alpha_1-\alpha_2+\beta_1)x_1+(\gamma_1\alpha_1-\beta_1)x_2+(\alpha_2-\gamma_1)x_3 = 0 \quad\text{und}\\
&(\gamma_2-\gamma_2\alpha_2-\alpha_1+\beta_2)x_1+(\alpha_1-\gamma_2)x_2+(\gamma_2\alpha_2-\beta_2)x_3 = 0 \quad .
\end{aligned}
$$

Da somit $\gamma_1 = \alpha_2$ und $\gamma_2 = \alpha_1$ ist, erhält man $\beta_1 = \alpha_2\alpha_1$ und $\beta_2 = \alpha_1\alpha_2$. Aus

$$
(4)\quad (1-\beta_1)x_1+\beta_1x = (1-\beta_2)x_1+\beta_2x
$$

ergibt sich aber $\beta_1 = \beta_2$, weshalb man $\alpha_1\alpha_2 = \alpha_2\alpha_1$ hat. Damit ist P als kommutativ nachgewiesen. Zum Beweis der Umkehrung setze man voraus, dass der Ring P kommutativ ist. Sind $\bar{p}_1$ und $\bar{p}_2$ n-stellige, algebraische Operationen von ${}_P\mathfrak{M}$ mit $\bar{p}_1(x,x,x_3,x_4,\dots,x_n) = x$ und $\bar{p}_2(x,x_2,x,x_4,\dots,x_n) = x$, so existieren α_1 und α_2 in P mit $\bar{p}_1(x_1,\dots,x_n) = (1-\alpha_1)x_1+\alpha_1x_2$ und $\bar{p}_2(x_1,\dots,x_n) = (1-\alpha_2)x_1+\alpha_2x_3$. Setze $\beta_1 := \alpha_2\alpha_1$, $\beta_2 := \alpha_1\alpha_2$, $\gamma_1 := \alpha_2$ und $\gamma_2 := \alpha_1$. Durch (1) lassen sich dann algebraische Operationen $\bar{q}_1, \bar{q}_2, \bar{r}_1$ und $\bar{r}_2$ von ${}_P\mathfrak{M}$ definieren, für die (3) und damit auch (2) erfüllt ist. Dazu gilt (4), was aus der Kommutativität von P folgt. Somit ist für die starke primitive Klasse ${}_P\mathfrak{M}$ die Bedingung 7.16(b) nachgewiesen, was nach Satz 7.16 zur Folge hat, dass $\Gamma(M)$ für alle $M \in {}_P\mathfrak{M}$ papposch ist.

LITERATUR

1. André, J. Über Parallelstrukturen. Teil I: Grundbegriffe. Math. Zeitschrift 76 (1961), 85 - 102.

2. André, J. Über Parallelstrukturen. Teil II: Translationsstrukturen. Math. Zeitschrift 76 (1961), 155 - 163.

3. Artin, E. Geometric algebra. New York 1957.

4. Baer, R. Linear algebra and projective geometry. New York 1952.

5. Birkhoff, G. Lattice Theory. Amer. Math. Soc. Colloquium Publications, vol. 25, third edition 1967.

6. Cohn, P.M. Universal algebra. New York 1965.

7. Day, A. A characterization of modularity for congruence lattices of algebras. Canad. Math. Bull. 12 (1969), 167 - 173.

8. Frobenius, G. Über primitive Gruppen des Grades n und der Klasse n-1. S.-B. Akad. Berlin 1902, 455 - 459.

9. Grätzer, G. Universal algebra. Princeton 1968.

10. Grätzer, G. Two Mal'cev type theorems in universal algebra. J. Comb. Theory (im Druck).

11. Grätzer, G., Schmidt, E.T. Characterizations of congruence lattices of abstract algebras. Acta Sci. Math. Szeged 24 (1963), 34 - 59.

12. Hall, M. Projective planes. Trans. Amer. Math. Soc. 54 (1943), 229 - 277.

13. Hermes, H. Einführung in die mathematische Logik. Stuttgart 1963.

14. Hilbert, D. Grundlagen der Geometrie. 9. Auflage, Stuttgart 1962.

15. Jónsson, B. Lattice-theoretic approach to projective and affine geometry. The axiomatic method (hrsg. von L. Henkin, P. Suppes, A. Tarski). Studies in logic, p. 188 - 203. Amsterdam 1959.

16. Jónsson, B. Algebras whose congruence lattices are distributive. Math. Scand. 21 (1967), 110 - 121.

17. Kontorowitsch, P. Sur les groupes à la base de partition (russisch). Mat. Sbornik 12 (1943), 56 - 70.

18. Levi, F., van der Waerden, B.L. Über eine besondere Klasse von Gruppen. Abh. Math. Sem. Hamburg 9 (1933), 154 - 158.

19. Lyndon, R.C. Properties preserved under homomorphism. Pacific J. Math. 9 (1959), 143 - 154.

20. Maeda, F. Lattice theoretic characterization of abstract geometries. Jour. of Sci. of Hiroshima Univ. Ser. A 15 (1951/52), 87 - 96.

21. Maeda, F. Kontinuierliche Geometrien. Berlin - Göttingen - Heidelberg 1958.

22. Mal'cev, A.I. On the general theory of algebraic systems (russisch). Mat. Sbornik 35 (77) (1954), 3 - 20.

23. Neumann, W.D. On the quasivariety of convex subsets of affine spaces. Arch. Math. (im Druck).

24. Ostermann, F., Schmidt, J. Der baryzentrische Kalkül als axiomatische Grundlage der affinen Geometrie. Jour. reine u. angewandte Math. 224 (1966), 44 - 57.

25. Pickert, G. Projektive Ebenen. Berlin - Göttingen - Heidelberg 1955.

26. Pixley, A.F. Distributivity and permutability of congruence relations in equational classes of algebras. Proc. Amer. Math. Soc. 14 (1963), 105 - 109.

27. Schmidt, E.T. Kongruenzrelationen algebraischer Strukturen. Math. Forschungsber. 25. Berlin 1969.

28. Schmidt, J. Einige grundlegende Begriffe und Sätze aus der Theorie der Hüllenoperatoren. Ber. Math.-Tagung Berlin 1953, 21 - 48.

29. Schmidt, J. Allgemeine Algebra. Vorlesungsausarbeitung. Bonn, 1966.

30. Speiser, A. Die Theorie der Gruppen von endlicher Ordnung. 4. Auflage. Basel - Stuttgart, 1956.

31. Sperner, E. Affine Räume mit schwacher Inzidenz und zugehörige algebraische Strukturen. Jour. reine u. angew. Math. 204 (1960), 205 - 215.

32. Wielandt, H. Unendliche Permutationsgruppen. Vorlesungsausarbeitung. Tübingen, 1959/60.

33. Wille, R. Affine coordinatization of abstract geometries. Canad. Math. Bull. 10 (1967), 302 - 303.

34. Wille, R. Verbandstheoretische Charakterisierung n-stufiger Geometrien. Arch. Math. 18 (1967), 465 - 468.

35. Wille, R. On Problem 60 in Birkhoff, Lattice theory, 3rd edition (1967). Not. Amer. Math. Soc. 16 (1969), 309; 69 T - A 1.

36. Wille, R. On a problem of G. Grätzer. Not. Amer. Math. Soc. 16 (1969), 560; 69 T - A 40.

37. Witt, E. Über Steinersche Systeme. Abh. Math. Sem. Hamburg 12 (1938), 265 - 275.

38. Zariski, O., Samuel, P. Commutative algebra. Vol. I, Princeton, 1958.

Register

MIX
Papier aus verantwortungsvollen Quellen
Paper from responsible sources
FSC® C105338

If you have any concerns about our products,
you can contact us on
ProductSafety@springernature.com

In case Publisher is established outside the EU,
the EU authorized representative is:
Springer Nature Customer Service Center GmbH
Europaplatz 3, 69115 Heidelberg, Germany

Printed by Libri Plureos GmbH
in Hamburg, Germany